High-hydration

# 高含水麵包的技術

人氣名店製作技巧・思考策略

大境文化

# 高含水麵包的重要性

## 個人麵包店面臨的挑戰

在超市和便利店競爭日益激烈的情況下，個人經營的麵包店正面臨重大抉擇。由於在價格競爭上無法與大型連鎖店匹敵，個人店鋪必須創造只有小店才能提供的獨特魅力。

其中一個關鍵點，是提供能夠滿足消費者所喜好、而且不斷變化的產品。

隨著消費者海外旅行，麵包飲食體驗增加，以及在大城市中海外品牌麵包店的影響，消費者對於追求高品質和原味的趨勢日益增長。不僅是甜點麵包（菓子麵包）和佐餐麵包，對於更美味主食麵包的需求也在增加。

## 材料與技術的變革

另一方面，對於麵包店來說，包括國產小麥和法國小麥在內的麵包用小麥粉種類日益增加，根據不同的使用方法，可以更好地展現小麥的獨特風味。

此外，也有一些讓人感受到新時代來臨的技術逐漸被引入。近年來，本書所介紹「高含水」製作麵包的技術便是一例。

增高含水量製作麵包的方式，雖然會讓麵團變得更加黏稠，難以機械加工，從而降低作業性，但這卻是大企業難以引入的技術。對於個人麵包店而言，這反而能夠彰顯每位職人的技術水準。當「職人的特色」能夠被看見時，對消費者而言，不僅意味著美味，更帶來了一種安心感。

更重要的是，透過提高含水率，能在口感和香氣上表現出過去所沒有的美味。

使用高含水技術製作麵包的做法，正在以技術精進的麵包店為中心，逐漸普及開來。本書介紹了高含水麵包的理論，以及在高人氣店鋪中實際操作的方式和思考。希望能夠吸引新時代的消費者，並為產品的魅力與創造提供幫助。

旭屋出版　編輯部

# 目 錄

2 高含水麵包的重要性

7 閱讀本書時的注意事項

8 登場作者介紹

12

*Chapter* 1

## 高含水麵包最基礎的考量·技術

(社團法人)日本麵包技術研究所 常務理事 所長 農學博士 井上好文

28

*Chapter* 2

## 人氣店「經典高含水麵包」的技術

32 **Pain de Lodève洛代夫**
**Pain de Lodève aux noix et raisins**
**核桃葡萄乾洛代夫**
**『Boulangerie L'unique』大橋哲雄**
加水率90%。透過改良配方與製作方法來傳達洛代夫的魅力

38 **Pain de Lodève洛代夫**
**『Boulangerie德多朗 元石川店』德永久美子**
使用葡萄乾發酵種。利用過夜發酵法製作洛代夫

46 **Pain de Lodève洛代夫**
**『BOULANGERIE DE MELK』古山雄嗣**
以提升「技術水準」的理念來製作洛代夫

54 **Rustique 洛斯提克**
**『Pain des Philosophes』榎本 哲**
總水量達95%。以充分發揮麵粉風味而受歡迎的洛斯提克

62 **Seelen 塞倫**
**（株）愛工舍製作所 伊藤雅大**
運用現代技術，在短時間內製作出德國傳統的高含水麵包

69
*Chapter* 3
## 人氣店「低糖油高含水麵包」的技術

70 **Pain Fermier農家麵包**
**（株）愛工舍製作所 伊藤雅大**
透過正確理解和掌握Bassinage（多加水）技術來製作的農家麵包

78 **米麴Pain Complet全麥麵包**
**『Ça marche』西川功晃**
加入米麴，以「味道調和」方式製作的全麥麵包

86 **Terroir風土麵包**
**『BOULANGERIE NUKUMUKU』与儀高志**
85%的加水率。著重於隨時展現小麥香氣的裸麥麵包

92 **Alvéole 蜂巢麵包**
**『MAISON MURATA』村田圭吾**
超過100%的加水率。利用天然酵母烘焙出按重量計價的麵包

98 **Moulins 石磨麵包**
**『MAISON MURATA』村田圭吾**
透過酵母和發酵過程，創造出不同的高含水麵包

104 **Baguette Van長棍**

『Boulangerie récolte』松尾裕生

極少量酵母搭配75%加水率，提升小麥風味的長棍麵包

110 **Haruyutaka's Hard Toast 脆皮吐司**

『Boulangerie récolte』松尾裕生

100%的加水率，使用液種和湯種來實現Q彈口感

116

*Chapter* 4

## 人氣店「高糖油高含水麵包」的技術

118 **鮮奶油吐司**

『富士山熔岩窯的店 season factory 麵包果實』

諏訪原 浩

總加水率80%。提升小麥風味和口感的特色吐司

126 **三軒茶屋 每日吐司**（鬆軟款）

『BOULANGERIE NUKUMUKU』与儀高志

添加葡萄乾發酵種，92%的加水率。以香氣為主的清爽吐司

132 **Croissant可頌**

『富士山熔岩窯的店 season factory 麵包果實』

諏訪原 浩

利用熔岩窯，提升小麥香氣的高含水可頌

140 **日式餐包**（奶油卷麵團）

『BOULANGERIE NUKUMUKU』与儀高志

以濃郁奶油卷麵團製作，深受歡迎的高含水日式餐包

146
Chapter 5
## 人氣店「獨創高含水麵包」的技術

148 **長時間發酵的油炸甜甜圈**
**『BOULANGERIE NUKUMUKU』与儀高志**
80%的加水率。以麵團的甜味和口感為特色的炸甜甜圈

154 **Pancakes鬆餅**
**『麵包工房 風見雞』福王寺 明**
使用3種酵母，高含水麵團製作的「鬆餅」

162 **Coffee Rich濃郁咖啡**
**『麵包工房 風見雞』福王寺 明**
利用高含水「鹽味奶油麵團」製作，介於麵包與磅蛋糕之間的產品

168
Chapter 6
## 「高含水」麵包製作與小麥粉的演變

(社團法人)日本麵包技術研究所 研究調查部 部長 原田昌博

175 後記

閱讀本書時需注意

※取材店的資訊截至2018年4月底。
※部分產品是店內的固定產品，而另一些則是試作。產品價格同樣為2018年4月底的資料。對於不定期供應的產品或試作品，未標示價格。
※使用的材料、配方和製作流程均以取材時的狀況為準。
※除非特別標明，否則使用的奶油皆為無鹽奶油。

■設計：スタジオ ア・ドゥ ■追加店鋪攝影：德山喜行、佐佐木雅久、川井裕一郎 ■追加店鋪採訪：西 倫世

登場作者介紹（按出現順序，省略敬稱）

## (社團法人)日本パン技術研究所

地址／東京都江戸川区西葛西6-19-6
電話／03-3689-7571(代表)
URL／http://www.jibt.com/
http://www.panpedia.jp/
http://www.foodsafety.jp/

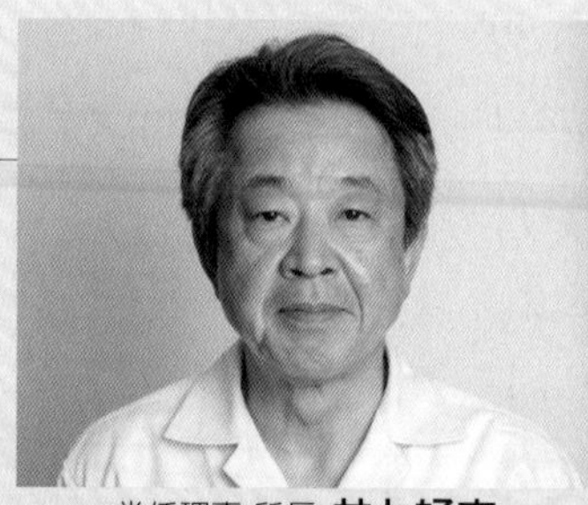

常任理事 所長 **井上好文**

大學畢業後進入大型麵包製造商工作，負責產品開發10年。1989年加入(社團法人)日本パン技術研究所。2002年擔任所長，2003年成為常務理事。期間擔任加拿大University of Manitoba研究員、加西関食品穀物研究所客座研究員，獲得農學博士學位及日本食品低溫保存學會研究獎勵獎。

研究調查部 部長 **原田昌博**

大學應用微生物工學畢業後，進入大型製粉公司。因開發國產小麥麵包製作用粉而獲得食品產業技術功勞獎，並在加拿大小麥局主辦的吐司比賽中獲獎，擁有3項專利。2003年加入(社團法人)日本パン技術研究所。榮獲麩質研究會功勞獎。

## Boulangerie L'unique **大橋哲雄**

曾在三星餐廳擔任副主廚兼麵包師，之後於2005年成為「東京文華東方酒店」的麵包主廚。2017年11月在東京櫻台開設了『Boulangerie L'unique』。2008年獲得「saf麵包比賽」最優秀獎等多項獎項，以真誠且細緻的麵包製作技藝聞名。

地址／東京都練馬区桜台1-5-7
小岩井ビル1階
電話／03-6914-6580
營業時間／9:00～19:00
公休日／週日、第2·4週一(不定期休)

## Boulangerie 德多朗 元石川店 **徳永久美子**

與丈夫共同經營位於神奈川青葉區的熱門麵包店『Boulangerie德多朗Yotsubako』，該店經常大排長龍。除了身為麵包職人，她還是一位全力照顧三個孩子的母親，這種生活方式甚至獲得了麵包業界領袖仁瓶利夫先生的高度評價，被稱為“Super Lady”。「Pain de Lodève普及委員會」會員。

地址／神奈川県横浜市青葉区
元石川町6300-7
電話／045-902-8511
營業時間／7:00～18:00
公休日／週二、週三

## BOULANGERIE DE MELK　**古山雄嗣**

原先是化學產品製造商的商品開發負責人，之後接手經營父母的麵包店。透過閱讀專業書籍，自學麵包製作的技術和理論。1985年開設了『MELK』，致力於使用嚴選食材製作出充分展現素材風味的麵包，因此受到顧客喜愛。許多麵包師從全國各地前來店裡實習。

地址／大阪府豊中市中桜塚5-16-3
電話／06-6854-3005
URL／http://boulangerie-melk.com
營業時間／6:00～18:00
公休日／週日

## Pain des Philosophes　**榎本 哲**

曾任職於株式会社POMPADOUR，2002年在「Patisserie Peltier赤坂店」師從志賀勝榮主廚學習技藝。2007年加入Maxim's de Paris Co., Ltd.。後赴法國，接受多Dominique Saubron的指導。2009年成為「L'Atelier de Dominique Saubron」的麵包主廚。2017年獨立開設了『Pain des Philosophes』。

地址／東京都新宿区東五軒町1-8
電話／03-6874-5808
營業時間／10:00～19:00
公休日／週一、不定期休

## ㈱愛工舍製作所　**伊藤雅大**

在大型麵包製造商工作後，1994年加入㈱愛工舍製作所，被分配到研究室。1996年在引進發酵種製造機「Ferment」時，邀請Éric Kayser來日本各地推廣使用液種製作麵包。因此獲得日本食生活文化財團頒發的食生活文化銀獎。目前活躍於各種研討會和學習會。

地址／埼玉県戸田市下戸田2-23-1（本社）
電話／048-441-3366（代表）
URL／http://www.aicohsha.co.jp
營業時間／9:00～17:30
公休日／週六、週日、國定假日

## Ça marche　**西川功晃**

曾在「Andersen」、「Au Bon Vieux Temps」和「BIGOT」等多家店鋪學習製作麵包和西點1996年在Comme Chinois集團創立了「Boulangerie Comme Chinois」和「Boulangerie Comme Chinois & Honest Café」。2010年獨立創立『Ça marche』，被認為是引領日本麵包業界的代表人物之一。

地址／兵庫県神戸市中央区山本通3-1-3
電話／078-763-1111
URL／http://ca-marche-kobe.jp
營業時間／8:00～18:00
公休日／週二、週三

## BOULANGERIE NUKUMUKU　**与儀高志**

曾在「青山Donq」和「Naïf」等店學習，之後前往德國進修麵包製作。回國後在幾家熱門店繼續學習，2006年在東京練馬區獨立開業。該店幾乎所有的麵包都是以高含水技術製作，他表示：「追求麵包的美味後最終選擇了高含水。」該店還使用國產食材製作麵包。2016年搬遷至現址，並在二樓經營咖啡廳。

地址／東京都世田谷区太子堂5-29-3
電話／03-6805-5411
URL／https://nukumuku.jp/
營業時間／8:00～19:00
公休日／週一、第1·3·5週二

## MAISON MURATA　**村田圭吾**

15歲時在福井縣的當地麵包店學習麵包製作的基礎，17歲轉職至神戸「BIGOT」。21歲前往法國，在巴黎知名店鋪「Maison Landemaine」進修約6年。回國後在神戶開設了麵包教室。2015年4月開業，同年11月擴大店鋪，並開始為餐廳供應麵包。

地址／兵庫県神戸市兵庫区小松通2-3-14
電話／070-6924-6931
URL／https://www.maisonmurata.com/
營業時間／7:15～17:30（售完即止）
公休日／週三、週日

## boulangerie récolte 本店　**松尾裕生**

在成為臨床檢驗技師時期就對製作麵包產生興趣，後來轉職到「BIGOT」正式開始學習麵包製作。2012年創立了『boulangerie récolte』。他始終致力於研究食材和製作方法，並注意不使用過多的副材料，追求製作健康且美味的麵包。2015年11月搬遷至面向大街的現址。

地址／兵庫県神戸市兵庫区大開通7-5-16
電話／078-599-6436
URL／http://www.pain-recolte.com
營業時間／7:30～18:30（售完即止）
公休日／週日、週一

## 富士山の溶岩窯の店 Season Factory パンの実　**諏訪原 浩**

在當地的麵包店和大阪梅田的飯店麵包製作部門等，共計4～5家店鋪修業學習後，於1997年在大阪獨立開業。2005年搬遷至現址。利用富士山的熔岩窯烘烤麵包，以獨特風味獲得了廣大喜愛。經常出現在電視、廣播節目，並在各類雜誌介紹露出，也在百貨公司的活動中設立攤位，活躍於各個場合。

地址／兵庫県西宮市小曽根町3-8-24
電話／0798-47-8787
URL／http://www.pannomi.jp/
營業時間／9:00～19:00
（週六、週日、國定假日8:00開始）
公休日／週一、週二

## パン工房 風見鶏　**福王寺 明**

在大型製造商學習麵包製作技術後，於1987年在埼玉縣東浦和開設「パン工房 風見鶏」。2003年搬遷至現址。擅長運用星野發酵種，並以獨特的麵包製作理論受到關注。積極參與專業講習會和研討會，以及專業展覽會上的現場教學。也提供開店業者的諮詢服務。

地址／埼玉県さいたま市南区大谷口5338-6
電話／048-874-5831
營業時間／10:00～19:30
公休日／周四、第3個週日

# 高含水麵包最

# Chapter 1 基礎的考量・技術

（社團法人）日本パン技術研究所 常務理事 所長 農學博士 井上好文

「高含水麵包」實際上是怎樣的麵包？瞭解其基本概念後，可以期待技術層面的拓展與提升，進而增加產品的魅力。因此，本文將由（社團法人）日本パン技術研究所的井上好文常務理事來詳細解釋高含水麵包的基本考量和技術。

## 1 高含水麵包的定義

高含水麵包，或稱多加水麵包，是指相較於普通麵包麵團，加水量更多（在製作現場也稱為吸水量高）的麵包總稱。由於主要原料小麥粉中約70%的澱粉糊化程度較高，麵包的內側（crum）更加濕潤且有彈性。此外，所謂麵包的老化，即烘焙後隨著時間經過，麵包口感變乾硬的現象也會延緩，因此延長了賞味期限。不過需要注意的是，這類麵包較容易長霉。

這類高含水麵包的特性會隨著麵團加水量的增加而更加顯著，但同時也會因麵團黏性增加，操作難度加大，或者麵團流動性提高而導致麵包形狀變得扁平等問題。因此，雖然可以籠統地稱為高含水麵包，但根據對麵包特性的重視程度不同，麵團的加水量也會大不相同。

例如，如果希望在保持普通麵包形狀和氣泡結構的基礎上，略微提高內側的濕潤感，那麼增加的水量應控制在2～3%，最多也不應超過5%。反之，如果可以接受麵包形狀和氣泡結構發生較大變化，以便最大程度提升濕潤和彈性的口感，那麼增加的水量需要達到20～30%。可以說，高含水麵包的特性以及麵團的加水量都非常多樣化。

在這種情況下，許多麵包製作技術者考量的高含水麵包，應該是指特性得到最大限度發揮的那種類型。筆者也是如此。因此，本文將解釋能夠最大限度發揮這些特性的高含水麵包的現狀，以及應考慮的理論技巧。

## 2 高含水麵包的現狀

### （1）歐洲傳統的高含水麵包

在歐洲部分地區，當地傳統上製作一些具有獨特風味的高含水麵包，並且代代相傳。雖然可能還有許多筆者未曾瞭解的麵包存在，但作為代表例子，可以舉出瑞士的「Bürli brot」和「Basel brot」（**照片1**）、德國的「Seelen」（**照片2**）和「Genetztes brot」、以及法國的「Pain de Lodève」等。

這些麵包的共同點是，其麵團加水量比普通麵包多約20%，非常柔軟的麵團經過充分烘焙，形成酥脆的外皮與極其濕潤、富有彈性且入口即化的內側，這些口感成為吸引食客的主食麵包。

這些麵包的製作中，透過在發酵期間反覆折疊麵團（即「翻麵」），減少黏性並增強韌性，來應對麵團的高黏性和流動性。由於這種操作既耗時又需技巧，因此在日本僅有極少數麵包店製作。不過，這些麵包對於日本消費者也具有相當吸引力，期望能多多推廣。

筆者所屬的（社團法人）日本パン技術研究所（以下簡稱「パン技研」）每年為了有系統性的介紹海外麵包製作技術，會選定一個國家，並邀請該國代表性麵包製作技術者來舉辦國際麵包製作研討會，研討會內容由㈱JIB出版為書籍和DVD。像是「Bürli brot」由Olivier Hofmann先生介紹瑞士的麵包製作技術；而「Seelen」則在德國Weinheim國立麵包學校講師，介紹的德國麵包製作技術中詳

照片 1

瑞士傳統的高含水麵包

「Bürli brot」

「Basel brot」

照片 2

德國傳統的高含水麵包

「Seelen」

述。如果對這些麵包的製作方法感興趣，推薦參考這些出版物。此外，關於「Pain de Lodève」，仁瓶利夫先生等人組成了「Pain de Lodève普及委員會」，進行各種推廣活動。如果對這類麵包的製作方法或享用方式有興趣，可以聯繫該委員會。

### (2) 歐洲高含水麵包的風潮

近年來，歐洲的折扣超市如Aldi和Lidl等，以極低的價格銷售高品質的商品，對傳統的街邊麵包店造成了巨大衝擊。這是因為在這些折扣超市中，與街邊麵包店相同品質的麵包，只需半價就可購得。

根據《日本經濟新聞》2015年1月20日的晚報報導，在德國，麵包師傅的學徒人數比五年前減少了大約一萬人，並預測五年後將有1/3的街邊麵包店倒閉。

然而，即便在這樣的情況下，依然有許多街邊麵包店積極營運。筆者在三年前的調查中發現，關鍵在於提供消費者能夠接受，高價格下的高品質麵包。消費者所能接受高價格的品質，則來自於手工製作帶來的獨特美味。

第一種方法是重視那些氣泡數少、氣泡膜厚且嚼勁強，所謂的「Q彈」或「有嚼勁」口感的麵包。這類麵包的麵團機械耐受性低，因此難以大規模生產。

第二種方法是如前述傳統高含水麵包般，重視極為濕潤的內側口感。這類麵團黏性較高，因此也難以大規模生產。

第三種方法是使用原創的發酵種，以展現獨特的風味。

擁有上述這些特點的麵包，即使在嚴苛的市場環境中，也能透過比傳統製法更合理的方式製作，而顯著地發揮其影響力。以下將介紹一些具有代表性的高含水麵包。

**① 巧巴達(Ciabatta)**

巧巴達是義大利著名的高含水麵包。隨著歐盟整合的推廣，現今人員、物資和資金的自由流動，使得來義大利旅遊的歐洲各國遊客被巧巴達的魅力所吸引，回國後便在當地麵包店尋求這種麵包。因此，這種名稱的麵包在歐洲各國開始製作和銷售。

一個顯示巧巴達在歐洲普及的例子是，2006年當パン技研舉辦德國麵包製作研討會時，主講者德國Weinheim國立麵包製作學校的Kutscher校長，將巧巴達列為德國的流行麵包之一。巧巴達在歐洲各國被視為零售麵包店獨有的高含水麵包。

巧巴達擁有傳統風味，但其歷史相對較短。據說它是1982年由義大利北部Verona地區的麵包師Francesco Favaron創造。Favaron先生因麵包形狀類似拖鞋，便以義大利語中的拖鞋「Ciabatta巧巴達」命名。此後，巧巴達在多樣化中逐步普及。

在此，列出了2006年パン技研舉辦的海外研修之旅中，在義大利Brescia的麵包學校所學，接近原始風味的巧巴達食譜，見**表1**。

【Biga種（中種）】

| 配方比例 | （%） |
|---|---|
| 小麥粉 | 100 |
| 酵母 | 1 |
| 水 | 45 |

（製作過程）

| | |
|---|---|
| 攪拌時間 1) | 低速 4 分鐘 |
| 攪拌完成溫度 | 18℃ |
| 發酵（16℃） | 18~20 小時 |

【主麵團】

| 配方比例 | （%） |
|---|---|
| 酵母 | 0.3 |
| 食鹽 | 2 |
| 麥芽糖漿 | 1 |
| 水（攪拌開始時添加） | 10 |
| 水（攪拌後半段添加） | 20~25 |

（製作過程）

| | |
|---|---|
| 攪拌時間 1) | 低速 5 分鐘－高速 10 分鐘<br>※ 食鹽在攪拌中途加入。<br>※ 20% 左右的水在攪拌後半段逐漸加入。 |
| 攪拌完成溫度 | 27~28℃ |
| 發酵（28℃） | 40 分鐘 |
| 分割・整形 | 將麵團分割成長方形，將切面朝上排放在撒有手粉的板子上。（重量可任意） |
| 最後發酵時間(28℃) | 40 分鐘 |
| 烘烤前準備 | 在表面撒上手粉，將麵團反轉後排在烤盤上。現在流行在排放前輕輕拉伸成長方狀。 |
| 烘烤溫度 | 240℃（注入蒸氣） |
| 烘烤時間 | 依據麵團重量調整 |

使用螺旋攪拌機 spiral mixer

表 1　巧巴達（Ciabatta）的食譜範例

巧巴達是一種採用合理化製作方法的高含水麵包。首先，在義大利的零售麵包店中，為了重視發酵帶來的美味，幾乎所有的麵包都會添加一種稱為「Biga 種（比加種）」的長時間發酵中種。Biga種通常在室溫下發酵隔夜或更長時間，其特點是水分含量極低，這樣可以增強穩定性。食譜中所有的小麥粉都在Biga種中混合，因此巧巴達擁有濃郁的發酵風味和香氣。

製作麵包的當天，在Biga種中加入酵母、麥芽糖漿，以及能使麵團達到一般麵包硬度的水，開始攪拌。在中途階段加入食鹽。接著，在攪拌的後半段，逐漸加入比一般麵團多20%～25%的水，一邊高速攪拌。這樣做的目的將在後面解釋。

經過40～50分鐘的發酵後，將膨脹的麵團如**照片3**的**(A)**所示，輕輕放在撒了大量手粉的工作檯上，避免施加壓力，然後用刮板將其分切成所需大小和形狀。分切好的麵團如**(B)**所示，切口朝上排放在撒有大量手粉的板子上，進行40～50分鐘的發酵。

發酵結束後，在麵團表面撒上手粉，然後將其排列在烤盤上，注入蒸氣後進行烘烤。

照片 3　巧巴達的分割・整形方法

(A)

(B)

照片 4

巧巴達的外觀及切面氣泡結構

照片 5　巧巴達的分割與整形方法

照片 6

巧巴達長棍的外觀、切面氣泡結構（A），以及製成三明治（B）

(A)

(B)

用以上方法製作的巧巴達，由於沒有進行製作一般麵包時所必需的滾圓和整形，因此在各個工序中不會因氣泡的分裂而增加氣泡數量。正如**照片4**所示，氣泡數量極少，內部結構非常粗糙。因此，氣泡膜非常厚，食用這種麵包相當於咀嚼厚實的氣泡膜，所以它有強烈的嚼勁。

不過，由於高含水使澱粉糊化比一般麵團更多，因此不僅嚼勁強，還具有濕潤感和良好的口感。由於這是一種扁平的麵包，水平切片後添加食材會更容易享用，也很適合做三明治。

此外，自從筆者在2006年訪問義大利以來，將拖鞋形狀的巧巴達製作成長棍（baguette）般的棒狀「巧巴達長棍」變得非常受歡迎。這種麵包是在發酵結束後，盡可能減少壓力地將巧巴達麵團如**照片5**所示拉成棒狀，然後排放在烤盤上進行烘烤。正如**照片6**的（**A**）所示，烘烤後長棍狀的巧巴達比傳統長棍的結構更加粗糙。

與長棍（baguette）相比，巧巴達長棍的外皮酥脆，內側濕潤且化口性好，這種口感是特點。長棍狀非常適合做三明治，並且如（**B**）所示，已成為義大利零售麵包店的招牌商品。巧巴達長棍及其三明治也一定會獲得日本消費者的喜愛。

**② 柳條籃麵包**（**Pain Paillasse**）

另一個歐洲流行的高含水麵包例子，是柳條籃麵包（Pain Paillasse），已成為瑞士的熱門商品。

「Pain Paillasse」的名稱源於法國洛代夫（Lodève）鎮的傳統高含水麵包。據說，「Paillasse」意指柳條籃，由於麵團黏性較強，曾經使用覆上布的柳條籃進行發酵，因此叫做「柳條籃麵包」。

在日本，這種麵包被稱為「洛代夫（Pain de Lodève）」。如前所述，為了推廣這種特殊的高含水麵包，洛代夫麵包普及委員會也進行了相關活動。柳條籃麵包在二十世紀後期在瑞士大受歡迎，以下是筆者所瞭解的相關情況介紹。

瑞士的麵包師傅Aimé Pouly於1993年開發了名為「Pain Paillasse」的麵包產品，並成功建立了名為「Pain Paillasse」的大型事業。

這款麵包具有以下特點。外殼顏色深且散發濃郁的香氣，口感酥脆。麵包內部具有粗糙的氣孔結構和厚實光澤的氣泡膜，質地濕潤、咀嚼感強，且口感柔滑。保存性佳，這種麵包在烘烤後，隨著時間的推移，口感不會急劇下降，第二天或第三天仍能享受美味。麵包內部自然風味十足。

「Pain Paillasse」凝聚了逐漸失落的傳統麵包的美味，成功吸引了瑞士消費者。

Pouly先生隨即將「Pain Paillasse」這一名稱進行商標註冊，並申請製法專利，於1995年獲得商標和專利權。此外，他將配方設為企業機密，並與製粉公司共同開發了專用的混合小麥粉，創造出此混合小麥粉的製造條件。Pouly先生開始向簽約的麵包店提供商標、專利製法及混合小麥粉。

由於瑞士消費者對這款麵包的需求日益增長，許多麵包店紛紛與Pouly先生簽約，目前超過300家瑞士麵包店和約1,000個銷售點提供「Pain Paillasse」見22頁**照片7**的麵包櫥窗。

由於這款麵包需要經過授權合約，價格相對較高。然而，麵包的美味和品牌價值超越了價格，吸引了大量瑞士消費者。

Pain Paillasse製作方法的特點如下。

原材料經過嚴格挑選，使用少量酵母的簡單配方，將其製成類似義大利的巧巴達（Ciabatta）高含水的麵團。透過在麵團中加入雜糧、核桃或橄欖等材料，來增加產品的多樣性。這些配方是保密的。

接下來，將攪拌好的麵團放入冷藏發酵箱中，進行一晚以上的冷藏發酵。分割時，將麵團放在工作檯上，使其寬度均勻，然後將其分切成縱長的棒狀。之後，如**照片 8**所示，輕輕扭轉，完成整形。扭轉麵團的過程能使氣泡結構產生流動，提升麵包口感的彈性。

從冷藏發酵箱中取出的發酵麵團，由於溫度較低，即使是高含水的麵團，也不容易黏手，形狀保持良好，因此分割和整形作業相對容易。之後，將經過發酵的麵團像長棍麵包一樣直接烘烤。這種製作方法在技術和效率上經過精心設計和考量，使

照片 7

Pain Paillasse產品
（蘇黎世的合作麵包店：1996年）

照片 8　Pain Paillasse的整形（蘇黎世的合作麵包店：1996年）

Pain Paillasse能夠輕鬆地製作，並受到瑞士消費者的強烈支持。這種製作方法對於日本製作高含水麵包也有參考價值。

如上述例子所示，傳統或流行的高含水麵包在環境越來越嚴峻的歐洲，已成為零售麵包店的重要武器。我認為這些內容應該能成為日本零售麵包店未來發展的參考。

## 3 高含水麵包的製作方法探討

在製作高含水麵包時，關鍵點在於如何讓麵團吸收比一般麵團更多的水。這裡有2種方法可以達成這個目標：傳統的方法和目前新趨勢的方法。為了探討這些方法的具體內容，必須先瞭解作為麵包主要原料的小麥粉，其成分具有多少吸水力（水合力）。

### （1）小麥粉的吸水性

小麥粉是如何吸水並變成麵團的呢？這可能不是平常會思考的問題，因此這裡做一個簡單的解說。

小麥粉是由小麥經過細碎研磨而成的顆粒集合。例如，標準的高筋麵粉1g中，推測可能有大約3000萬顆粒的集合。

當在小麥粉中加水並開始攪拌時，每個顆粒的表面會被濕潤，吸水的小麥蛋白質形成有黏性的麵筋。接著，攪拌的動作類似於用肥皂洗手時搓揉肥皂一樣，將顆粒表面形成的麵筋搓下來，並隨後再次濕潤表面。這樣濕潤→搓下麵筋的動作不斷重複，形成麵團。顆粒較細的小麥粉，由於單位重量的顆粒表面積較大，因此吸水速度會較快。

### （2）小麥粉成分的水合力

那麼，加入麵團中的水，不僅被小麥粉的蛋白質吸收，還會被其他成分水合。而未被水合的水則作為自由水，分散在麵團中。那麼，小麥粉及其成分具有多少水合力呢？

對於這個疑問，筆者在曼尼托巴州立大學留學時的恩師，布舒克教授進行了相關研究，並引用其研究結果，見**表2**。這裡的小麥粉相當於日本的高筋一級粉，表中顯示了各種小麥粉成分完全水合時的數值。

雖然省略不談詳細的解釋，但根據這些結果，我們通常用於製作麵包的小麥粉具備吸收88.1%水分並水合的能力，但由於小麥粉中原本就含有14.5%的水分，因此攪拌時能吸收的水分，也就是添加的水量，需扣除14.5%，約為73.6%。

然而，實際攪拌時不可能完全水合小麥粉成分，假設製作時加水量為70%，根據筆者的推測，可能有超過15%的水分會作為自由水存在於麵團中。高含水麵包的麵團將使這個自由水的量增加20%至30%。結果是麵團非常黏，流動性高，操作性差。

### （3）減少高含水麵團黏度的方法

如（2）所述，在麵團的攪拌過程中，估計可能無法讓小麥粉成分吸收超過55%的水。因此，製作高含水麵包時，如果認為在攪拌過程中長時間低速攪拌可以提高小麥粉成分的吸水，那麼這樣的想法是錯誤的。

為了減少高含水麵團的黏性，提升操作性，或降低流動性以增強麵包的結構，以下3種方法可以參考：

| 小麥粉成分 | 含有量（%） | 吸水力 | | 水分分布（%） |
|---|---|---|---|---|
| | | g/g成分 | g/100g小麥粉 | |
| 澱粉 | 70 | — | — | 49.9 |
| （健全粒） | (61.6) | (0.44) | (27.1) | (30.8) |
| （損傷粒） | (8.4) | (2.00) | (16.8) | (19.1) |
| 蛋白質 | 12.2 | 2.15 | 26.2 | 29.7 |
| 戊聚醣 | 1.2 | 15 | 18 | 20.4 |

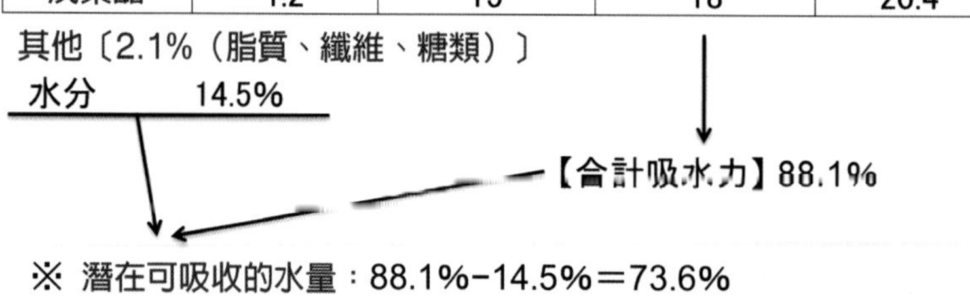


※ 潛在可吸收的水量：88.1%−14.5%＝73.6%

表2 標準麵包用小麥粉主要成分的吸水率

① 增加折疊排氣（punch）次數

傳統的高含水麵包，例如瑞士的「Bürli brot」和「Basel brot」，早在沒有攪拌機的時代，或在舊式低速攪拌機時代就已製作，攪拌過程中增加額外水分的操作較為困難，因此傳統的製法是在開始攪拌時加入所有水分。

採用這種攪拌方法製作的高含水麵包麵團黏性強，且連結性差。為此，在發酵過程中會進行2～4次的折疊排氣（punch）。

這裡所指的折疊排氣（punch），是將麵團拉伸後折疊的動作。透過這樣的操作，自由水會在麵團內部分散得更細，從而減少黏度。同時，這也能增強構成麵團骨架麵筋的黏彈性，提升麵團的連結性和結構性。考慮到麵團狀態及產品特性，可以決定折疊排氣的次數、操作方法以及時機。

② 在攪拌的後半段高速加水

在巧巴達（Ciabatta）普及的時代，現代的螺旋式攪拌機已經出現。首先以大約60%含水量進行一般麵團攪拌整形，然後在後半段以高速攪拌的方式，逐漸加入增加的水量。這種方法在法語中稱為「Bassinage」（後加水）。

這是一種在技術和效率上經過精心設計和考量的方法。透過高速加水，過量的自由水以微小的水滴形式分散在麵團中，不僅提高了麵團的結構，還減少了黏性。螺旋式攪拌機相比直立式或水平式攪拌機，更能將自由水細化並均勻分散在麵團中，促進了高含水麵包的普及。此外，這種技術也逐漸應用於傳統的高含水麵包製作，對於稍微增加含水量的情況也非常有效。

③ 進行冷藏發酵

將麵團進行冷藏發酵，不僅可以促進麵包製作流程的效率，還可以減少麵團的黏性，提高延展性，使後續的操作更加容易。

不過，在冷藏過程中，氣泡中的二氧化碳氣體會溶解於水中，並從小氣泡擴散到大氣泡，導致氣泡數量顯著減少。在考慮這一現象時，需要設計合適的製作方法。另外，雖然這裡不做詳細說明，但需

### (4) 多加水麵包與澱粉的糊化

要注意的是，烘烤時的膨脹和發酵所帶來的香味和風味也會有所變化。

在製作高含水麵包時，建議單獨或結合使用以上所述的幾種方法。

在麵包的烘烤過程中，小麥粉的主要成分澱粉會發生糊化，使麵包更加美味且容易消化。澱粉是一種具有結晶結構的顆粒，當在水中加熱至60℃以上時，澱粉顆粒吸水膨脹，結晶結構開展，變得柔軟。

根據之前提到布舒克教授的研究，小麥澱粉顆粒在糊化過程中1g澱粉顆粒最多可吸收25g的水。然而，在麵包烘烤的情況下，澱粉顆粒在糊化時能吸收的水僅限於麵團中的自由水合被麵筋吸收的水，約為1g澱粉吸收1g水。高含水的做法顯著增加了麵團中的自由水量，從而提高了澱粉顆粒在糊化時的吸水量和膨脹程度，使澱粉顆粒更濕潤柔軟。這樣的澱粉群構成的氣泡膜，使麵包的口感變得濕潤、柔軟且易於入口。隨著加水量的增加，這些特性會更加突出，但同時也會降低操作性並使產品外觀容易變得扁平。

在開發高含水麵包時，應尋找加水效益與其可能造成問題之間的平衡點，這個加水量的妥協點因各家烘焙坊而異，因此每種麵包的特徵也會不同。

## 4 高含水麵包的應用範例

### (1) 德國傳統的Genetztes Brot

以上介紹了高含水麵包的基本資訊。雖然人們通常認為高含水麵包是歐式麵包，但我們也期待開發出日本原創的高含水麵包。作為範例，以下介紹高含水吐司的製作方法。

這個Genetztes Brot的配方，是我在30多年前從德國烏姆(Ulm)的一家麵包店學到的，以之前介紹的義大利巧巴達(Ciabatta)麵包的製作方法來設計。

Genetztes Brot(也稱為 Netz Brot)，是一款低糖油配方，吸水量超過80%的麵團，以全麥發酵種(wheat sourdough)製作。在攪拌後的每30分鐘以水潤手後進行折疊排氣，共3次，以增加麵團的黏結性。最後一次折疊排氣，將麵團發酵30分鐘。然後將手充分浸濕，將麵團撕成小塊輕輕揉圓。手蘸水可以防止麵團黏手。

接著將揉圓的麵團放在鋪有烘焙紙的滑送帶上，不進行靜置，直接入爐烘烤，重量1公斤的麵包需要烘烤65～70分鐘。

儘管當時沒有留下照片，但我仍記得學習這種製作方法並品嚐到烤好的麵包時，對於這樣的製法和麵包的美味感到驚訝，讓我體會到麵包製作世界的廣闊。

### （2）高含水麵包的應用「濕潤吐司」

麵包名稱「Genetztes」或「Netz」，在德語中意味著「用濕潤的手製作」，翻譯成日文即為「濕潤麵包」。因此，基於這種製作方法所製作的高含水吐司，稱為「濕潤吐司」。

濕潤吐司的食譜如**表3**所示。使用了法國麵包專用麵粉。相較於使用高筋麵粉，這種麵粉能提供更高的黏性口感。最初使用的是比加種（Biga），但考慮到穩定性，改為冷藏中種。

本次攪拌採用直立式攪拌機，並將攪拌棒由傳統的勾型改為高效的螺旋型攪拌棒。這樣可以更有效地進行加水操作。

首先，以普通吐司麵團相同的總吸水率67%進行攪拌，直到達到充分擴展的60%左右為止。然後，如同在第25頁的**照片9**的（**1**）所示，在高速攪拌的情況下逐漸加水。大約5分鐘內完成20%的加水操作。攪拌完成後的麵團雖然非常柔軟且黏性強，但具有良好的黏結性，如**照片9**的（**2**），可以拉伸延展成薄膜狀。

將這個麵團在27°C下發酵1小時，直到膨脹。然後，如**照片10**的（**1**）和（**2**），用充分蘸水濕潤的手撕成450g的塊狀。此時，秤會接觸麵團的表面也應該蘸水。這是一個隨意的製作過程，但手和秤的水會增加吸水率。接著，如**照片10**的（**3**），將分割的麵團用濕潤的手輕輕收攏成圓，並按照**照片10**的（**4**）所示，放入3斤吐司模型中。

【冷藏中種】

| 配方 | % |
|---|---|
| 法國麵包專用麵粉 | 70 |
| 新鮮酵母 | 2 |
| 麵團改良劑 | 0.1 |
| 水 | 40 |

| （製作過程） | |
|---|---|
| 攪拌時間 | 低速4分鐘、高速1分鐘 |
| 攪拌完成溫度 | 27°C |
| 發酵 | 27°C下1小時，發酵後 |
| | 2°C下12～20小時冷藏發酵 |

【主麵團】

| 配方 | % |
|---|---|
| 法國麵包專用麵粉 | 30 |
| 新鮮酵母 | 0.5 |
| 砂糖 | 6 |
| 食鹽 | 2 |
| 脫脂奶粉 | 2 |
| 白油 | 4 |
| 水 | 27 |
| 追加水 | 20 |

| （製作過程） | |
|---|---|
| 攪拌時間 | 低速3分、高速3分 ↓ 低速1分、高速3分～之後在高速下加入追加水 |
| 攪拌完成溫度 | 27°C |
| 發酵 | 27°C下1小時 |
| 分割・整形 | 用充分蘸水濕潤的手撕成450g的塊狀<br>輕輕收攏成圓，3斤吐司模放4個麵團 |
| 最後發酵 | 38°C、濕度85%、50分鐘 |
| 烘烤 | 210°C、45分鐘 |

表3　濕潤吐司的配方

照片 9　濕潤吐司麵團的攪拌

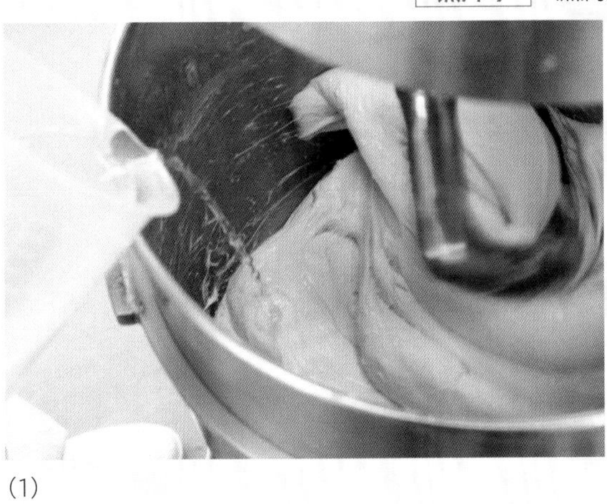
(1)

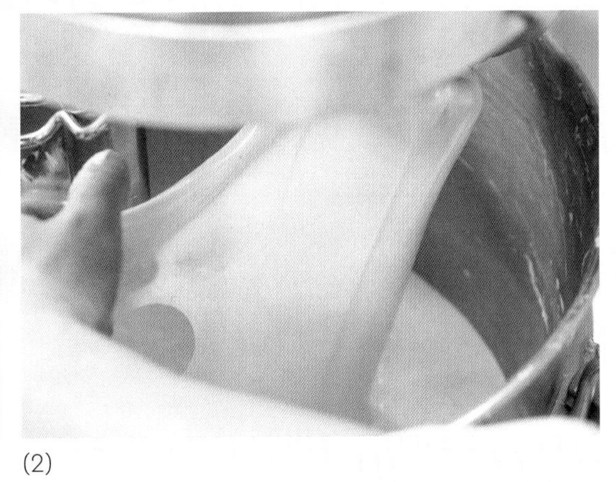
(2)

照片 10　濕潤吐司麵團的分割・整形・入模

(1)

(2)

(3)

(4)

照片 11 濕潤吐司的最後發酵

(1) 最後發酵前

(2) 最後發酵後

照片 12

濕潤吐司的外觀

(1) 濕潤吐司 (2) 普通吐司

照片 13

比較濕潤吐司與普通吐司的氣泡構造

**照片 14**
將濕潤吐司麵團製作成扁麵包

入模完成的照片在第26頁（以下同）**照片11**的**(1)**。接著放入發酵箱，約進行50分鐘的最後發酵。正如**照片11**的**(2)**，麵團已經膨脹至接近模型的90%。

接著，為了提升火力的穿透性，比普通吐司稍微延長烘烤時間。**照片12**顯示烤好的濕潤吐司外觀。與普通吐司不同的是，這款麵包散發出一種樸實的質感。

切面的氣泡結構與普通吐司的比較，在**照片13**。**(1)**的濕潤吐司，由於製作過程的特點，與**(2)**的普通吐司相比，氣泡數明顯較少，組織粗糙，氣泡膜極厚。因此，內部顏色顯得更加偏黃。此外，在厚厚的氣泡膜中，有大量在烘焙時吸收水分後變大的澱粉顆粒聚集，使得麵包的內部口感既有嚼勁，又非常柔軟濕潤，同時入口即化，可享受無法想像的美味。

此外，外皮口感鬆脆，具有良好的嚼感，散發著香氣和風味。烤過後，吐司外皮酥脆，內部保持極為濕潤且有彈性，比直接吃更能帶給消費者驚喜。濕潤吐司因為麵團操作性較低，容易發霉且保存期短，因此更適合用於現烤現賣的零售麵包坊。

另外，不使用模型而是在烤盤上烘烤的扁麵包，其外觀和切面如**照片14**。這是一款外觀質樸、結構類似饢（Naan）的扁平麵包。由於高含水的效果，相比饢，這款麵包極其濕潤、有彈性且入口即化。

這種扁平麵包可以直接搭配食材或用來包裹食物享用，作為主食麵包的需求預計將增加。高含水的方法對於提升這類麵包的受歡迎度非常有效。

* * *

以上介紹了高含水麵包的基本資訊。雖然解說可能有不足之處，但由於篇幅有限，敬請見諒。

高含水麵包是一種拓展麵包品項的產品，適當製作在日本預計能吸引大量消費者。此外，對於未來日本麵包市場的走向，便利店和超市的麵包銷售將繼續成長。在這種情況下，高含水麵包將成為提升零售麵包坊競爭力的重要產品。

人氣店
「經典高含水

# 麵包」的技術

介紹近年引起關注的高含水麵包「Pain de Lodève 洛代夫」之外，

也涵蓋了傳統的高含水麵包技術。

# Pain de Lodève 洛代夫

## Boulangerie L'unique

Owner chef
**大橋哲雄**

Pain de Lodève 洛代夫的麵包皮酥脆，內部擁有大氣泡且濕潤有光澤，入口即化。加入葡萄乾與核桃的「Noix et Raisin 核桃葡萄乾洛代夫」，雖然內部稍微緊實，依然保持其原有特徵。Noix et Raisin 核桃葡萄乾洛代夫950円，半條495円（未稅，照片右）。普通的Pain de Lodève 洛代夫750円，半條375円（未稅，照片左）。

# Pain de Lodève aux noix et raisins 核桃葡萄乾洛代夫

## 加水率90%。透過改良配方與製作方法來傳達洛代夫的魅力

### 特定地區限量銷售的2款洛代夫

自2017年11月開業以來，位於東京櫻台的『Boulangerie L'unique』在麵包愛好者間備受矚目。店主兼主廚大橋哲雄先生曾在日本首家六星級飯店「東京文華東方酒店」擔任麵包主廚，隨後獨立創業。

「我希望住在這個地區的人們，能夠輕鬆享受到我至今所磨練的技術，製作出的美味麵包。」

因此，我選擇了私鐵沿線，在熟悉的地點開設了這家店。

如同其高人氣，一旦擺上架子就迅速賣光的麵包種類繁多，特別引人注目的是兩款Pain de Lodève 洛代夫。一款是原味，另一款是Noix et Raisin 核桃葡萄乾洛代夫。這2種麵包僅在每週六下午2點後限量發售，但許多顧客都期待著這一天的到來。

近年來，Pain de Lodève 洛代夫成為話題。與同樣屬於高含水類的Rustique 洛斯提克或義大利Ciabatta巧巴達相比，Pain de Lodève 洛代夫的加水量更多，主要使用Levain發酵種，並輔以酵母。由於麵團的水分含量較高，烘焙後麵包內部會形成大而有光澤的麵筋膜，並且呈現濕潤、Q彈的口感。使用Levain發酵種長時間發酵，為麵包增添適度的酸味及獨特的深層風味，這也是它的魅力所在。

### 保持高含水特性，確保新手也能享受

「我從在飯店時期就開始製作Pain de Lodève 洛代夫，但現在並非完全按照當時的方式製作。雖然保留了洛代夫的特點，但根據地點調整配方，以便顧客更能夠享受。」

大橋先生表示。在飯店工作時，他會考慮國際顧客，因此特別注重麵包皮的酥脆程度。然而，獨立創業後，他改變了這一點。

「因為這是一個住宅區，這裡有許多習慣於吃軟麵包的老年顧客，因此他們可能不太適應過於酥脆的口感。所以，我將麵包皮調整得更柔軟，口感更溫和。我認為即使放一段時間後，這種麵包也能保持美味且易於食用。」

### Process flow chart

|  |  |
|---|---|
| 準備 | 前一天，準備好Lys D'or和Merveille的「續種rafraîchi」，然後進一步製作「完成種」。將蘇丹娜(Sultana)葡萄乾和核桃浸泡在水中10分鐘，然後瀝乾。 |
| 自我分解 | 1速1分30秒。靜置30分鐘。 |
| 攪拌 | 1速5分鐘，2速攪拌調整。以1速進行Bassinage(後加水)約10分鐘，以2速攪拌約1分鐘。麵團攪拌完成溫度約為22℃。 |
| 靜置 | 將麵團放入容器，在室溫下靜置60分鐘後進行第一次折疊排氣。再靜置約60分鐘後進行第二次折疊排氣，再靜置60分鐘。 |
| 分割 | 將核桃葡萄乾麵團分成5等分。原味麵團在容器中分成4等分。 |
| 最後發酵 | 在溫度28℃、濕度70%的環境中最後發酵約50分鐘。 |
| 烘烤 | 上火230℃、下火220℃，烘烤10分鐘後視情況調整，總共約30分鐘。 |

為了讓麵包皮更輕盈，選用了灰分含量較低的法國麵包專用粉「百合花Lys D'or」作為主要原料，並以法國產的「Merveille」和用途廣泛的「Légendaire」各半混合。此外，關鍵的Levain發酵種也使用「百合花Lys D'or」製作，並與全粒裸麥粉混合，發揮出獨特的香氣。

在製作麵團階段，加水量為70%，後期Bassinage（後加水）再加20%，總計90%。在自我分解（Autolyse）和攪拌過程中，確保麵筋充分形成，然後進行後加水，使每顆麵粉粒充分吸水，實現Q彈的麵包內部和芳香的麵包皮。

大橋先生通常在一次製作過程中同時製作原味洛代夫和核桃葡萄乾洛代夫。為了避免麵團中的水分被乾燥的葡萄乾和核桃吸收，他會先將這些材料浸泡在水中軟化。

**確保麵團容易分割，消費者便於購買**

Pain de Lodève 洛代夫的一個特徵是其不規則的大氣泡，這是由於高含水且柔軟的麵團經過充分發酵後在高溫下烘焙而成。為了製作這樣的麵包，需要小心處理已發酵的麵團，避免施加過多壓力。進行麵團折疊排氣（Punch）時，基本上是將麵團留在容器中，用手輕輕提起麵團，然後從上下左右各折疊一次。

「可以說，這個步驟決定了洛代夫的成品體積，所以看似不起眼，實際上不可掉以輕心。麵團折疊排氣的力度過強或過弱都不行。這種拿捏的技巧很難用語言來形容，但基本上就是透過發酵與排氣來連接麵團。」

透過排氣，可以將新鮮空氣引入麵團，促進發酵並強化麵筋。但像洛代夫這樣不進行整形、直接分切後就烘烤的麵包，其實在這個階段麵包的製作已經算是進入尾聲。

正因為高含水的洛代夫難以整形，所以是以不經過整形、直接烘烤的方式製作，因此常見以重量計價的方式販售。在本店，為了在顧客尚不習慣這種銷售方式的地區盡量推出傳統的洛代夫，在分割的階段進行了一些創新。

例如，對於原味洛代夫，我們在混合麵團後，將其分割成易於均分的4等分。在深的方形容器中發酵，這樣便於均等分割成4份。

「我希望能讓大家盡情享受，盡可能接近真正洛代夫的美味。為此，我們在重視基本原則的同時，也在可靈活應對的地方加以創新，努力擴展洛代夫的魅力。」

**配方**

|  |  |
|---|---|
| 百合花Lys D'or（準高筋麵粉） | 60% |
| Merveille（法國產麵粉） | 20% |
| Légendaire（高筋麵粉） | 20% |
| 水 | 70% |
| 水（Bassinage後加水） | 20% |
| 麥芽糖漿（以2倍水稀釋） | 0.4% |
| 自家製酵母（發酵種levain的完成種） | 30% |
| 即溶乾酵母（saf） | 0.2% |

| 核桃葡萄乾洛代夫（以2200g麵團為基準） | |
|---|---|
| 核桃 | 440g |
| 蘇丹娜（Sultana）葡萄乾 | 260g |
| 水 | 適量 |

## 準備

前一天，將百合花粉、發酵種(levain)和水混合製作「續種」。為了穩定發酵力，將續種與百合花粉、裸麥全麥粉和水混合，放入冰箱隔夜，以製作「完成種」。

為了避免麵團中的水分被葡萄乾和核桃吸收，需要將它們浸泡在水中10分鐘，然後瀝乾。

## 自我分解

**1**

將3種小麥粉(Lys D'or、Merveille、Légendaire)混合放入直立式攪拌機中。加入水合麥芽糖漿。

**2**

使用1速攪拌約1分30秒。這個階段的目的是均勻地混合麵粉和水，使麵粉吸收水分。為了促進水合作用(自我分解)，靜置30分鐘。

**3**

自我分解結束。水合作用進展順利，用手拉伸延展麵團時，質地變得光滑且有彈性。

## 正式攪拌

**4**

在正式攪拌前，將完成種從冰箱取出，撕成小塊並均勻地加入**3**自我分解後的麵團中。

**5**

首先使用1速攪拌6分鐘。攪拌過程中，加入即溶乾酵母稍微攪拌一下，再加入鹽繼續攪拌。

**6**

根據麵團的狀況，使用2速攪拌10～20秒。拉伸延展麵團，檢查麵筋是否形成良好且具有延展性和彈性。此時麵團的含水率為70%。

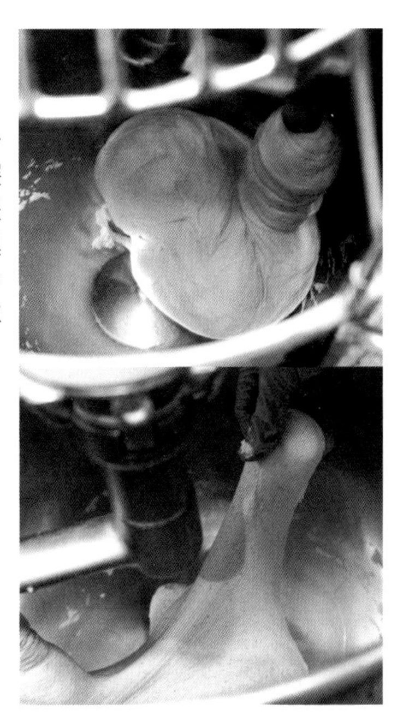

## 7
測量麵團溫度並調整水溫，然後進行Bassinage（後加水）。在攪拌的同時逐漸加入後加水，待麵團吸收水分後繼續加入，重複這個過程。注意不要一次性加入過多的水，避免麵團無法承受水分而分離。

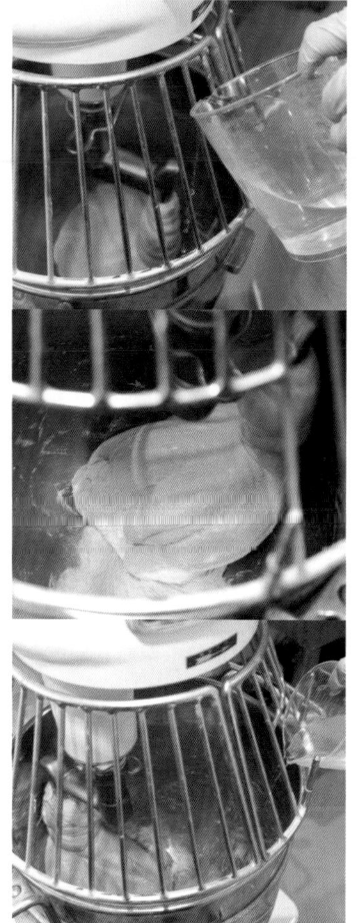

## 8
在Bassinage（後加水）的初期，水分難以被吸收，但在後期則相對容易。當所有後加水都被吸收後，以2速攪拌1分鐘。麵筋形成且延展性良好。麵團的最終溫度應為22℃。

## 9
將麵團分成2部分，一部分用於製作原味洛代夫，另一部分用於製作核桃葡萄乾洛代夫。為了便於後續操作，將原味麵團放入事先用水濕潤的方形不鏽鋼容器中。

## 10
將另一份麵團加入預先瀝乾的葡萄乾和核桃，開始以1速攪拌，當材料大致混合後，轉為2速攪拌。

### 第一次發酵

## 11
由於麵團容易沾黏，將其放入用水濕潤的容器中。與原味麵團相同，將麵團靜置於室溫約1小時，進行第一次發酵。容器應蓋上蓋子以防乾燥和灰塵進入。

## 12
靜置1小時後，用以水濕潤的手將麵團從左右、前後折疊，進行第一次折疊排氣，並整理成長方形。原味麵團的操作方式相同。

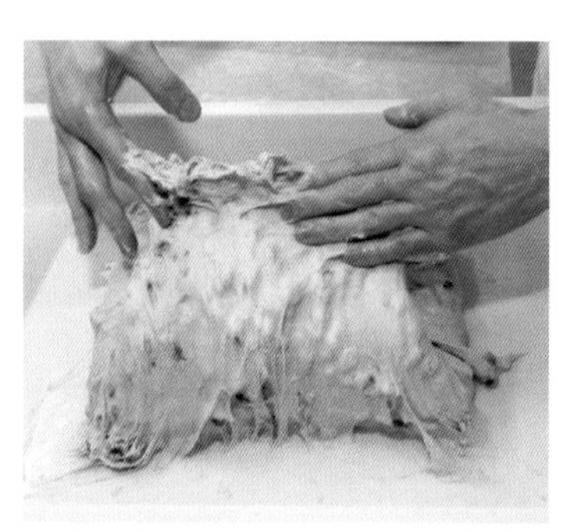

## 13

蓋上容器蓋子，常溫下再次靜置約1小時，進行發酵。

## 14

用手指輕輕觸摸麵團檢查張力，如果整個麵團變得有張力且呈現蓬鬆狀態，則同**12**進行第二次折疊排氣，並再次發酵1小時。

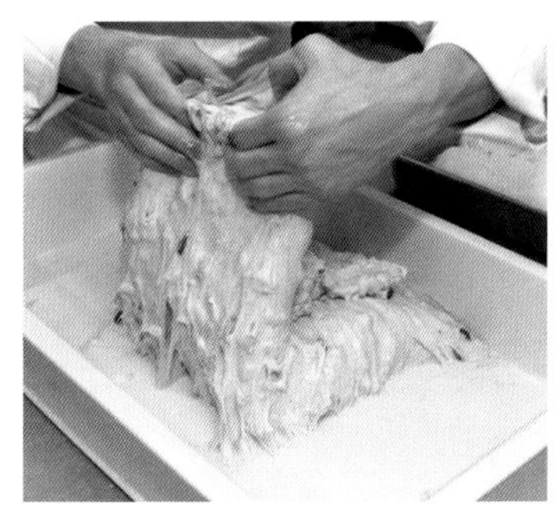

## 15

照片上方顯示的是剛進行完折疊的麵團，下方2張則顯示的是一小時後的麵團。緊實的麵團在發酵過程中逐漸放鬆。以店內製作來說，這樣的麵團量可以製作出5條核桃葡萄乾洛代夫。儘量將麵團整形成長方形，這樣在分割成5等分時會更加精確。下方的照片顯示的是原味麵團。

## 16

在分割之前準備手粉，在工作檯上撒些裸麥粉，並在具黏性的麵團上撒些Légendaire麵粉。

### 分割

## 17

將核桃葡萄乾麵團縱向分割成5份，原味麵團則利用方形容器劃十字分割成4等份。由於麵團柔軟，使用刮板輕輕地將麵團分開。

## 18

核桃葡萄乾麵團輕輕拍打排氣後對折，將接口輕輕拍合，利用麵團本身的重量封口。原味麵團僅輕輕拍打排氣以去除大氣泡。

## 19

將分割好的麵團放在帆布上，均勻地撒上手粉，小心操作以避免損壞麵團表面。過多的手粉會在烘烤後殘留影響口感，需注意。

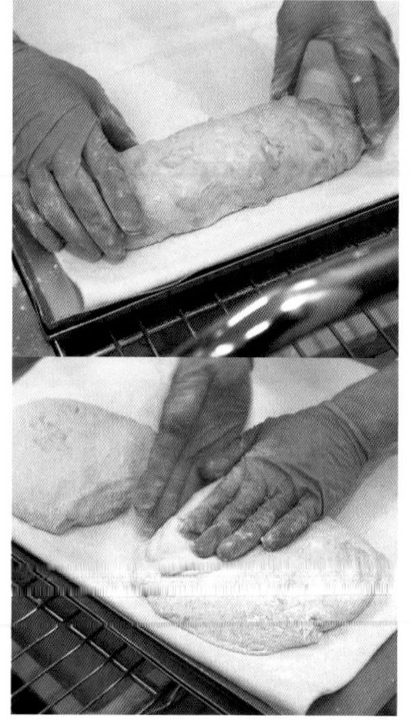

## 最後發酵

## 20

為防止最終發酵時麵團擴散，將帆布靠攏固定形狀後放入溫度28℃、濕度70％的發酵箱中進行50分鐘的最後發酵。

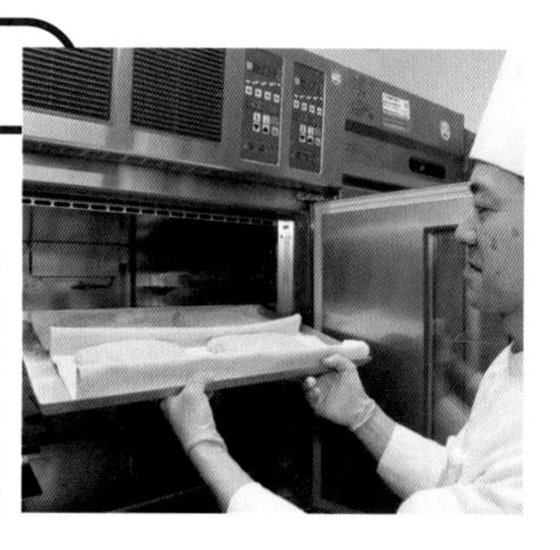

## 21

最終發酵完成的麵團呈現柔和的輪廓，輕輕觸碰時，整體有適度的彈性，但呈現「內芯鬆弛」的狀態最理想。發酵後的麵團有時表面會顯得濕潤，此時可先在室溫下稍微晾乾，再撒上裸麥粉。

## 烘烤

## 22

將撒上裸麥粉的一面朝下，輕輕放到滑送帶上。為了避免損壞麵團，連同帆布一起輕輕翻面。

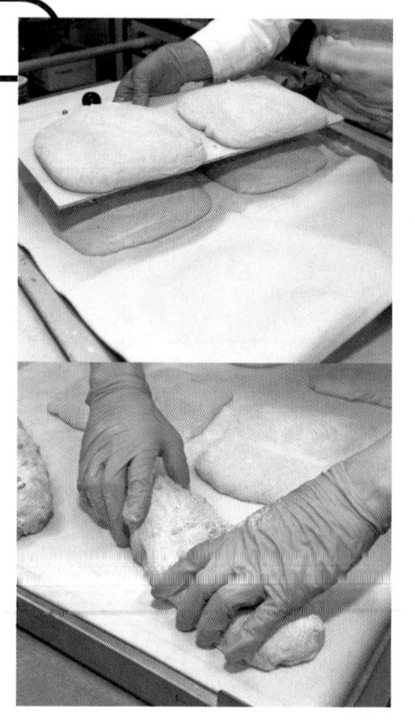

## 23

在麵團上快速劃出較深的網狀割紋。割紋過淺在烘烤時容易使麵團爆開。

## 24

將麵團放入上火230℃、下火220℃的烤箱，並注入蒸氣。烘烤時間約為30分鐘。

**25**

放入烤箱後的5～8分鐘，麵團開始膨脹；約20分鐘後開始上色。烘烤30分鐘後檢查烤色，再進行調整。麵包呈現金黃色，輕敲底部發出乾脆的聲音，即表示烘烤完成。

# Pain de Lodève 洛代夫

## Boulangerie 德多朗 元石川店

德永久美子

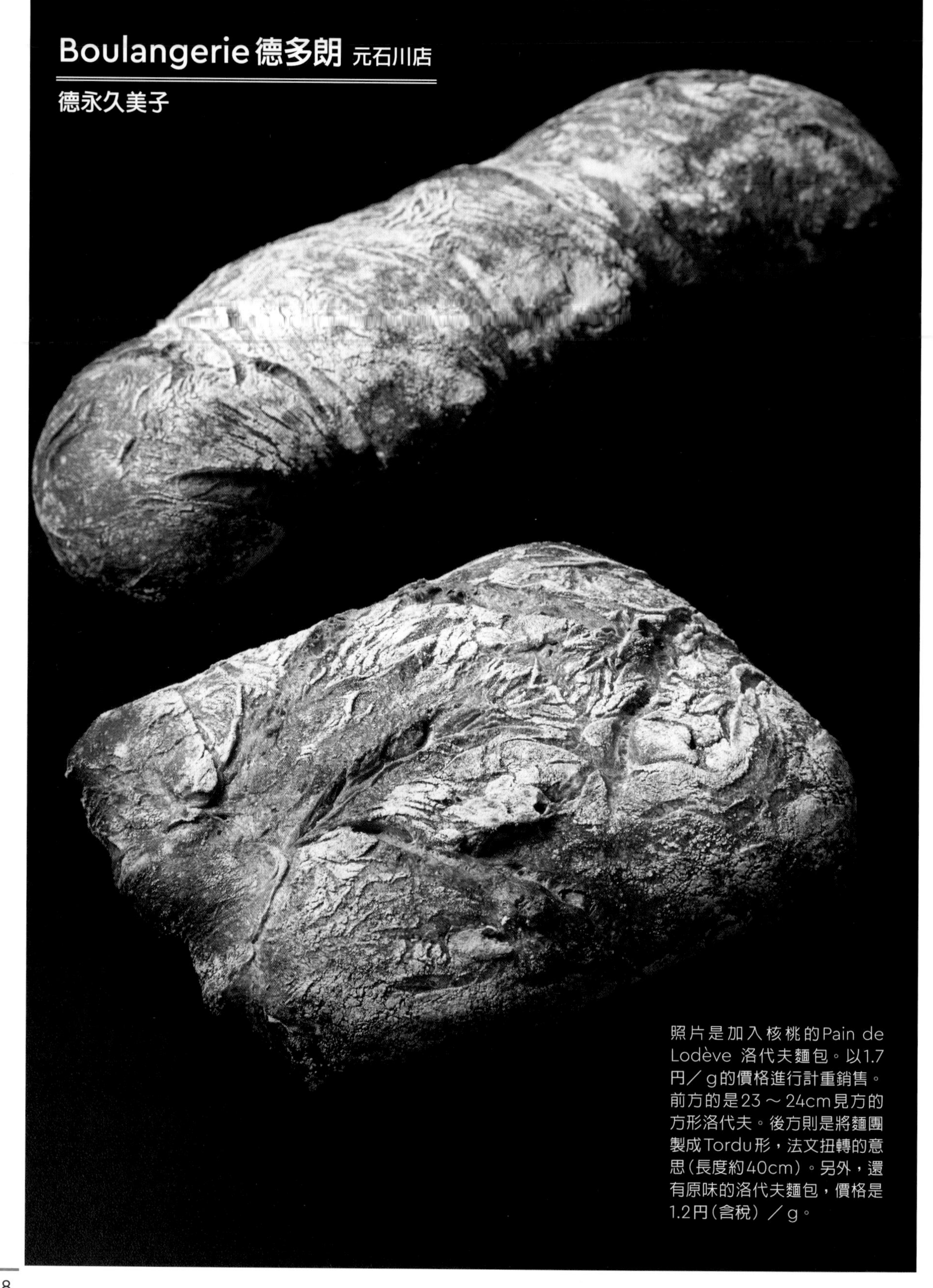

照片是加入核桃的Pain de Lodève 洛代夫麵包。以1.7円／g的價格進行計重銷售。前方的是23～24cm見方的方形洛代夫。後方則是將麵團製成Tordu形，法文扭轉的意思(長度約40cm)。另外，還有原味的洛代夫麵包，價格是1.2円(含稅)／g。

# 使用葡萄乾發酵種。利用隔夜發酵法製作洛代夫

位於橫濱郊外，距離最近的車站步行約20～30分鐘的『Boulangerie 德多朗 元石川店』是一家人氣麵包店，即使在平日也有400～500人光顧，而在週末甚至接近600人。由店主淳先生和他的妻子德永久美子一同經營，而久美子最投入的便是製作「Pain de Lodève 洛代夫麵包」。

這款麵包起源於法國南部山區一個名為洛代夫的小鎮，是傳統的麵包。在日本，「DONQ」技術顧問仁瓶利夫先生對這款麵包進行了改良，被譽為洛代夫麵包在日本的傳道者。久美子與洛代夫麵包的相遇，也是始於某次麵包活動中品嚐了仁瓶先生的洛代夫麵包。「成為麵包師二十多年，竟然還有這麼令人感動的麵包！這讓我興奮不已。作為一名麵包職人，我也想親手製作這樣的麵包！」

她充滿熱情地表示。

**使用90%高含水麵團，透過Bassinage後加水法實現**

Pain de Lodève 洛代夫麵包也被視為近年來流行的高含水麵包的先驅。其特色在於，一般法式麵包的含水率為60～70%，而洛代夫麵包的含水率高達90%。

不過，若一次添加如此多的水分，麵團會變得過於濕黏。因而先在正式攪拌階段製作加水率68～70%的麵團，然後作為Bassinage（後加水）逐步添加18～20%的水，這樣才能製作出高含水的麵團。

加水率達到90%的麵團非常軟且難以處理。通常情況下，麵團只進行簡單的分切，或稍微扭轉整形，並不做過多的整形，然後依照分割的形狀進行烘烤。這種麵團在高溫下烘烤時，表皮會變得酥脆而易咀嚼。由於不進行整形，內部的麵包組織鬆散，形成較大的氣孔，入口即化且富有嚼勁是主要特徵。

## Process flow chart

| | |
|---|---|
| 準備 | 將自家製的發酵種續種。 |
| 自我分解 | 1速1分鐘、2速1分鐘。靜置30分鐘。 |
| 攪拌 | 1速6分鐘、2速1分20秒左右。以1速進行Bassinage後加水，約9分鐘，視需要使用2速。攪拌後的麵團完成溫度大約為23～24℃。<br>※將麵團分為原味和核桃2種，核桃麵團中加入核桃並輕輕混合。 |
| 發酵 | 在24℃的發酵箱中靜置60分鐘，然後進行折疊排氣。 |
| 靜置發酵 | 在3℃的冰箱中冷藏約10小時。取出後在24～26℃、濕度55%的環境中靜置約60分鐘。再進行一次折疊排氣，之後靜置約60分鐘。 |
| 分割 | 大致分割後扭轉。 |
| 最後發酵 | 30～40分鐘。 |
| 烘烤 | 上火268℃、下火250℃烘烤10分鐘（注入蒸氣），隨後調整至上火246℃、下火230℃烘烤28～30分鐘。 |

「我認為這種黏糯的口感非常符合日本人的味覺喜好。洛代夫麵包能夠搭配各種不同類型的料理，就像每天吃飯一樣，能夠和配菜一起享用。特別是加入核桃的洛代夫麵包，與味噌和醬油等日式風味非常搭。」

一般來說，Pain de Lodève 洛代夫麵包多使用由小麥粉和裸麥粉製作的傳統發酵種，但德多朗則特別採用由葡萄乾製作的發酵種，這也是店內洛代夫麵包的一大特色。

### 以綠葡萄乾為基底的發酵種，18年來成就了店裡獨特的風味

「我們使用的發酵種是從綠葡萄乾培養而成的。這種發酵種不僅用於Pain de Lodève洛代夫麵包，也用於我們的招牌商品─Pain au Levain發酵種麵包。葡萄乾發酵種相對穩定且容易操作，但最主要的原因是我喜愛葡萄乾發酵種那種甘甜而深沉的香氣。現今使用的發酵種已經延續了18年，每天都在進行續種。發酵種會受到店內環境和空氣的影響，隨著時間的推移，它的風味會變得與其他麵包店不同。」

麵團中加入了25～30%的發酵種，讓它緩慢地發酵和熟成，這樣可以充分引出麵粉的風味和味道。此外，我們還少量使用0.2%的酵母，這樣可以同時享受到發酵種的複雜美味和酵母的純淨風味。

為了實現這樣的味道，我們主要使用適合長時間發酵、能創造風味的『百合花Lys D'or』（準高筋麵粉），並結合含有麩皮、富含礦物質（灰分含量高）、擁有強烈麥香的『Légendaire』（高筋麵粉）。此外，『Légendaire』在烘烤後能夠保留小麥的原始風味，同時帶來酥脆且易咬斷的口感。

### 隔夜發酵，更加人性化也更有益於麵包

這家店，每週的星期日和星期一會銷售原味及核桃口味的洛代夫麵包，並且反應熱烈。然而，由於製作過程中麵團需要長時間在攪拌機中處理，且製作相當繁瑣，因此在考慮到其他麵包製作工序的平衡後，每週只能製作2次，這也是面臨的一大困難。

剛開始銷售洛代夫時，我們都是從清晨開始製作，有時要到傍晚才烤好。如果想在上午就能上架，就必須更早開始製作，因此增加的人力已超過負擔，這使我們陷入了困境。

原本，洛代夫是當天製作當天烤，但這種方式在我們店裡無法實現。後來，引入了低溫長時間發酵的『隔夜法』來解決這個問題。這種方法的優點是，早上可以直接進行最後的製作步驟，讓需要長時間發酵的洛代夫等麵包能夠提早上架。此外，經過隔夜發酵，麵包的風味會更豐富。不過，也要注意酸味的問題。麵團溫度過低會容易產生酸味，所以必須特別留意麵團的溫度。「我們的目標是透過隔夜法，達到酥脆的外皮口感。」

※ 目前本店已不採用上述方式，本文僅為介紹使用隔夜法製作洛代夫的方法。

**配方**

|  |  |
| --- | --- |
| 百合花Lys D'or（準高筋麵粉） | 70% |
| Légendaire（高筋麵粉） | 30% |
| 麥芽糖漿（euromalt） | 0.2% |
| 水 | 68～70% |
| 自家製酵母 | 25～30% |
| 半乾酵母（Semi-dry yeast） | 0.2% |
| 鹽 | 2.5% |
| 水（Bassinage後加水） | 18～20% |

**※ 使用核桃的情況**

|  |  |
| --- | --- |
| 核桃（烘烤） | 麵團重量的12% |

## 準備

自家製發酵種，是將全麥粉和水加入葡萄乾酵母液中，經過充分發酵後的發酵種。正式攪拌前一天，需加入全麥粉、水合鹽，發酵一夜續種。

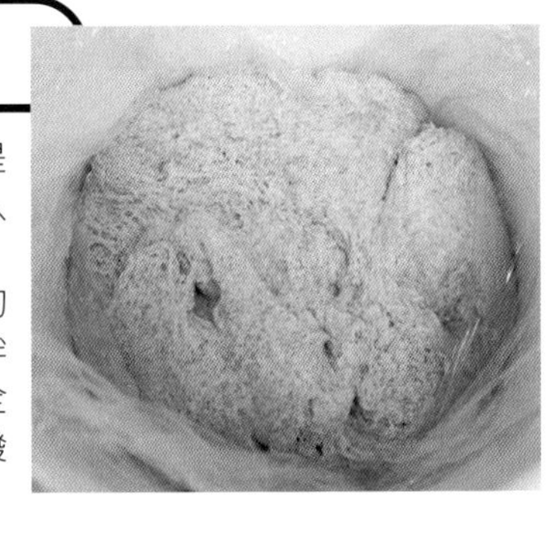

## 自我分解

**1**

使用螺旋式攪拌機（德國Diosna公司製造），加入水(水溫為12.8℃)、麥芽糖漿及混合的小麥粉。先以1速攪拌1分鐘，再以2速攪拌1分鐘，使麵團成形。之後蓋上蓋子，進行約30分鐘的自我分解。

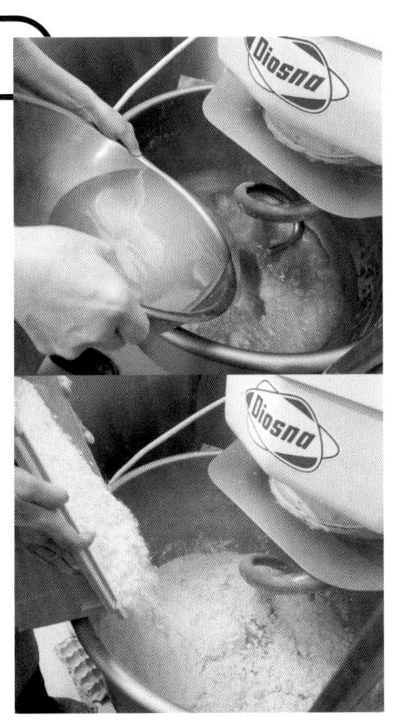


**2**

上圖顯示的是進行自我分解前的麵團。此時粉和水已混合，但質地仍稍粗糙。經過30分鐘，水合度提高，麵團變得更光滑(下圖)。進行自我分解可以縮短後續的攪拌時間。

## 正式攪拌

**3**

自我分解後，麵團變得濕潤，麵筋結構放鬆且已相連。在這個基礎上，把發酵種撕小塊，均勻地放在麵團上。

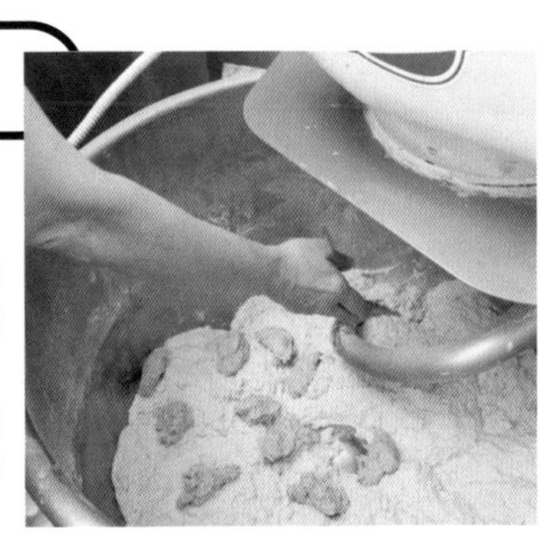

**4**

以1速攪拌3分鐘，直到發酵種完全混合。由於鹽可強化麵筋，為了促進水合、增加吸水率及調整麵包的體積，鹽會在稍後添加。

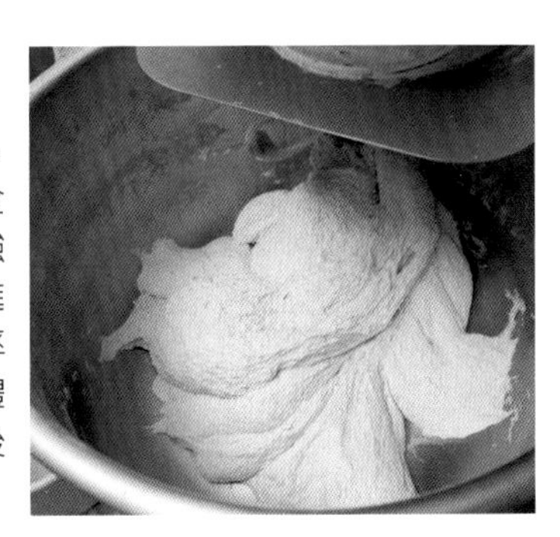

**5**

加入半乾酵母，以1速攪拌約1分鐘（上圖），然後加入鹽，再以1速攪拌2分鐘(下圖)。添加鹽後麵團會變得更加緊實。最後以2速攪拌約1分20秒，使麵團具有彈性。

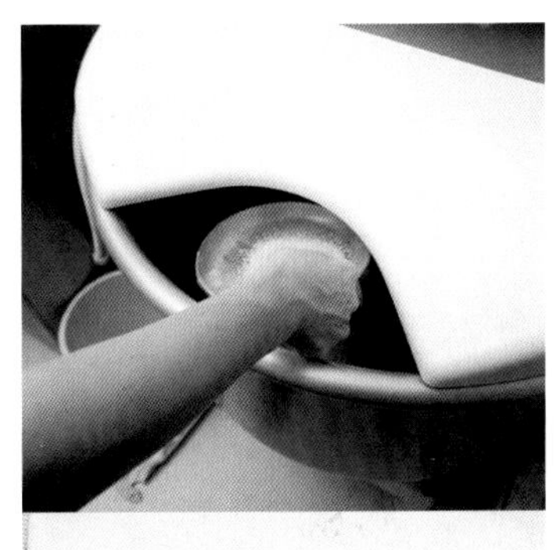

**6**

主麵團攪拌完成時加水率約70%。此時麵團手感紮實(到這裡為止是按照發酵種加入的長棍麵團來製作)。測量麵團溫度後，決定後加水所需水溫。

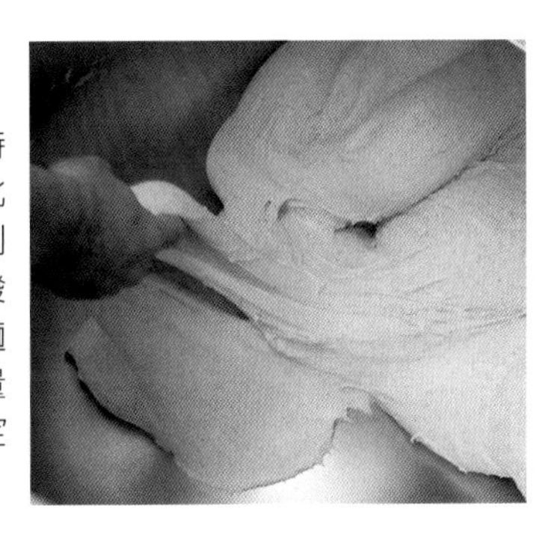

## Bassinage

### 7

開始進行後加水。以1速攪拌9分鐘，逐漸加入水分（在8分鐘內完成添加）。當水分完全混入後，以2速稍微攪拌（這樣能使麵團在烘烤時「膨脹力」更好）。加水量需根據季節和濕度進行調整。在梅雨季節等濕度較高的時期，應適當減少加水量。

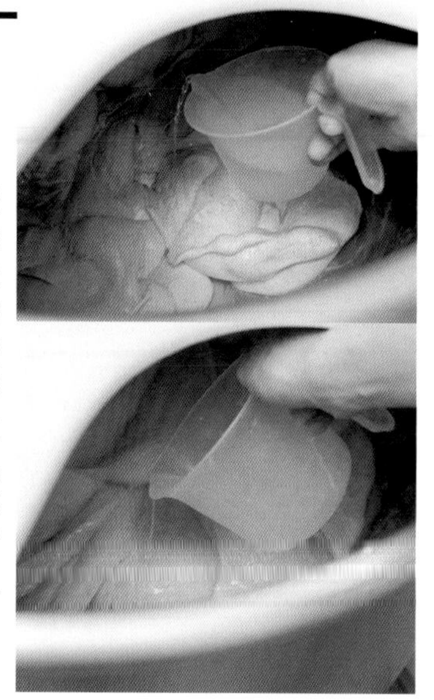

### 8

吸水攪拌後的麵團狀態。充分吸水的麵團應該是飽滿而富有延展性，且有光澤。此時麵團雖然延展性佳，但仍會斷裂（此階段的麵團狀態將決定最終麵包外皮的酥脆度）。

### 9

區分麵團：將部分麵團留作原味洛代夫，並按照核桃洛代夫的同樣程序進行烘烤。剩餘的麵團中加入烘烤過的核桃，並以1速攪拌至完全混合。最後，再以2速稍微攪拌一下（這樣可防止麵團過於鬆弛）。在夏季，核桃如果放置在室溫下會變熱，導致麵團溫度上升。這時，建議在開始攪拌前，將核桃冷藏以保持低溫。

## 發酵

### 10

將麵團移至發酵容器，在24℃發酵60分鐘。容器最好平坦且淺。若使用深的，麵團會擠壓導致向上膨脹。如果容器過大，麵團則會攤開。

## 隔夜發酵

### 11

由於麵團比較黏，用刮板將麵團從上下（上圖）及左右（下圖）各折疊一次，使麵團朝中心折疊。然後蓋上保鮮膜，將麵團在冷藏（3℃）下進行約10小時的隔夜發酵。

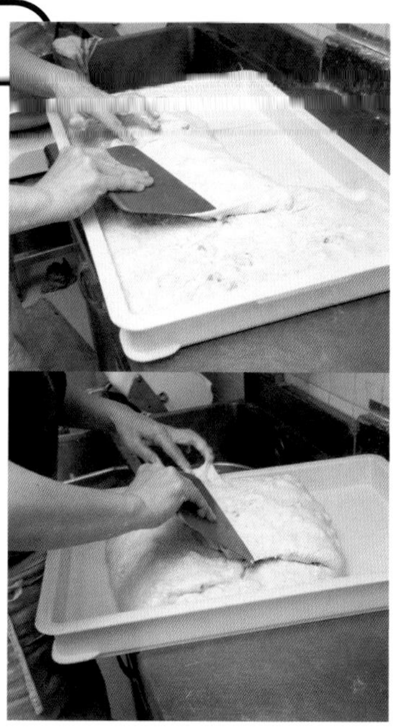

### 12

第二天，將麵團從冰箱中取出並測量溫度，此時的溫度應為5.8℃（上圖）。將麵團置於室溫（溫度24～26℃，濕度50～55%）約1小時，再次測量麵團溫度，此時溫度為8.5℃（下圖），然後進行折疊排氣。

## 折疊排氣

**13**
第二次折疊排氣。基本上只是將麵團從上下折疊，如果感覺麵團張力較弱，可以改變折疊方式（例如，更緊密地折疊）。折疊排氣後，將麵團靜置於室溫下約50～60分鐘。

**14**
檢查麵團狀態。指尖輕觸，確認張力（發酵程度）。應該感覺有點「鬆弛」。使用相同的發酵容器，保持相同的條件，記住發酵成功時麵團在容器內的體積和狀態。如果發酵不足，可以延長時間。

## 分割

**15**
分割麵團（麵團溫度應為14℃）在撒手粉的工作檯上，用切麵刀按照大致分量進行分割。烘烤過程中，烤箱前端的溫度較低，可放置較小的麵團，烤箱後面的溫度較足，可放置較大塊的麵團。由於麵團的邊緣容易鬆弛，因此將其扭轉（Tordu）塑形。分割後的矩形麵團則保持形狀不變。

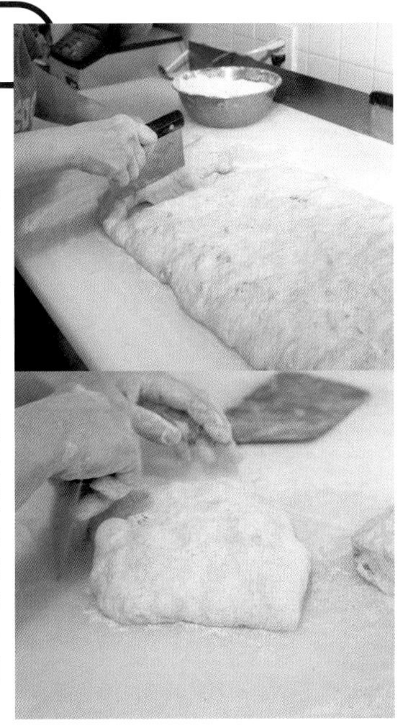

**16**
將細長分割的麵團兩端輕輕扭轉，形成「Tordu」形狀。這樣會讓麵團增加張力，使其氣孔更緊密、細小。

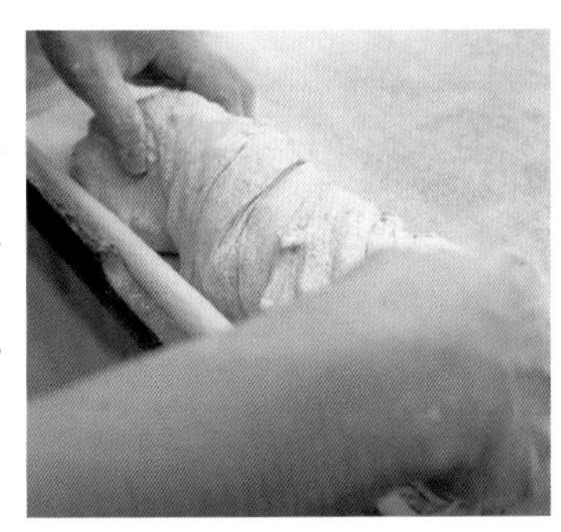

**17**
在撒了手粉的帆布上放置分割好的麵團。此時的擺放方式應根據烤箱內的排列順序進行。

## 最後發酵

**18**
麵團靜置30～40分鐘進行最後發酵。輕觸麵團以確認發酵狀態，判斷烘烤的最佳時機。理想狀態下，當輕壓麵團時應該有適度的彈回，且感覺麵團「柔軟」。

## 烘烤

**19**
麵團非常脆弱，需將麵團連同帆布一起移至取板，再放在滑送帶上。將最後發酵時朝下的那一面翻至朝上。

## 20

對於像洛代夫這樣柔軟的麵團，需要快速劃切割紋。割紋可以使麵團在烘烤時均勻地膨脹。

## 21

注入蒸氣。先以上火268°C、下火250°C烘烤10分鐘，然後降溫至上火246°C、下火250°C，再烘烤28～30分鐘。含有核桃或水果的洛代夫應將溫度稍微降低，放在烤箱上層（使用Pavailler烤箱）。

## 22

烘烤中的外觀。麵團在進烤箱後（上圖）看起來是平的，但在前5～10分鐘內，麵團會快速膨脹（中圖）。隨後繼續烘烤，使麵團內外熟透並上色（下圖）。

## 23

確認烘烤完成。除了觀察顏色外，還需檢查麵包的重量。如果感覺輕盈且敲打底部時發出乾脆的聲音，則表示烘烤完成（上圖）。若發出沉悶的聲音，則表示尚未烤熟，需放回烤箱繼續烘烤。洛代夫的橫切面（下圖），上方是核桃洛代夫，下方是原味洛代夫。這2款洛代夫的內部都呈現濕潤且有光澤的狀態，大氣孔是其特色之一。

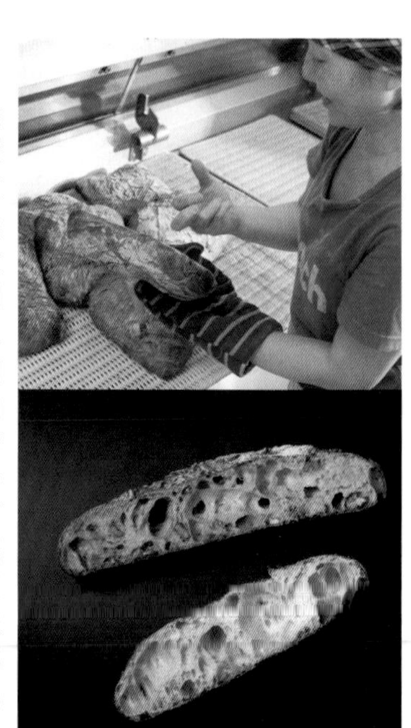

## 洛代夫的美味食用方法

**洛代夫的奶油甜脆餅**

將切成薄片的核桃洛代夫塗上等比例混合的奶油與細砂糖，然後在低溫下烘烤至乾燥。這款脆餅具有酥脆的口感，令人上癮。

**油漬炸魩仔魚**

將炸魩仔魚與磨碎的大蒜、切碎的義大利巴西利和去籽的紅辣椒混合，再以橄欖油拌勻，放在烤至酥脆的原味洛代夫上。麵包的大氣孔吸收了橄欖油，味道極佳。

# 洛代夫

## BOULANGERIE DE MELK

Owner chef **古山雄嗣**

洛代夫這款麵包誕生於法國南部的洛代夫村，現在已經成為備受矚目的麵包。它具有濃郁的小麥香味，口感柔軟且味道溫和。該店每天都供應整爐新鮮的洛代夫。為了便於購買，分割成每個約300g的大小進行烘焙，另外還提供切片的洛代夫（200円含稅）供顧客選擇。

# 以提升「技術水準」的理念來製作洛代夫

**這款麵包以簡單而細膩的口感，以及獨特的味道受到了廣泛關注！**

在關西地區，最早注意到洛代夫潛力的是位於大阪豐中的麵包店『MELK』的店主兼主廚古山雄嗣先生。

古山先生熱情地表示:「洛代夫的材料非常簡單，只有小麥粉、發酵種、酵母、鹽和水，但正因為材料的簡單，更能顯示麵包的細膩。要掌握如何處理洛代夫的麵團，包括折疊方式和發酵狀態的判斷，才能製作出穩定的成品。因此，製作洛代夫能夠學到許多不在操作手冊中的基本技巧，進而提升麵包師的技術水準。」

古山先生還參加了洛代夫普及委員會，並作為講師在專業講習會上向許多麵包師介紹製作洛代夫的意義和這款麵包的潛力。

他進一步說明:「我希望個人店的麵包師能夠進一步提升技術水準，因為如果只按照手冊來工作，是無法與大公司競爭的。因此，我推薦像洛代夫這樣的麵包，這正是個人店能夠發揮創意的地方。」

洛代夫以簡單的材料製作而成，雖然有基本的製作方法，但不同店鋪的環境和需求可能會有所不同。因此，這款麵包通常不會進行過多的整形，而是保持較大的形狀並按重量出售。但在一些場合，如飯店中，有時會應顧客需求將麵包整形為較小的尺寸。

在『MELK』店內，每天都有固定的顧客來購買洛代夫，因此他們每次只製作一個烤爐的分量。而對於年長顧客或不熟悉這款麵包的顧客來說，按重量購買可能會有些困難，為此該店將麵包分割成每個約300g的大小出售，這也是店內的特色。

**洛代夫的麵團十分細膩，需要根據麵團的狀態進行創意調整**

古山先生製作的洛代夫不僅在尺寸上獨具特色，所使用的麵粉也經過精心挑選。

「我們使用的是北海道十勝，土藏農場出產的麵粉。在法國，麵包店通常會使用當地的麵粉。基於這樣的理念，我們選擇了日本產的麵粉來製作洛代夫，並加入了灰分0.85%的全麥麵粉。」

## Process flow chart

|  |  |
|---|---|
| 準備 | 1速攪拌3分鐘、然後進行30分鐘的自我分解(Autolyse)。 |
| 自我分解 | 1速攪拌5分鐘、再以2速攪拌1分鐘。 |
| 攪拌 | 2速攪拌10分鐘，麵團攪拌完成溫度應達24℃。 |
| 靜置 | 在27℃環境下發酵60分鐘，進行第一次折疊排氣。再以相同溫度靜置60分鐘進行第二次折疊排氣，再靜置60分鐘。 |
| 分割 | 1個300g。 |
| 最後發酵 | 以28℃進行最後發酵，夏季發酵時間為40～50分鐘，冬季則為50分鐘～1小時。 |
| 烘烤 | 上火245℃、下火245℃(注入蒸氣)烘烤10分鐘。上火225℃、下火230℃，再烘烤30分鐘。 |

他們還使用了一種自開業以來30年持續添加的液種來製作洛代夫。製作過程包括先進行自我分解法，將麵粉、麥芽糖漿和水混合，讓其靜置約30分鐘以促進水合作用。隨後加入液種、酵母等材料進行主麵團的攪拌。

當麵團達到一定程度後，進行Bassinage（後加水）。此時麵團的狀態判斷和加水的時機非常重要。加水時要少量多次，讓麵團充分吸收後再進行下一次加水，這樣重複數次完成後加水。加水量佔麵粉重量的15%，加完後總加水量達到85%。

完成麵團製作後，進行一次發酵，期間每隔60分鐘進行2次折疊排氣（Punch），每次折疊排氣後麵團都會有所變化，因此需要小心處理。

古山先生補充說：「例如，根據季節的不同，麵粉的溫度會有所變化，即使是同樣的攪拌時間，麵團的混合效果也會有所差異。因此，需要根據麵團的狀態調整折疊方式。發酵過程中的變化也更加細膩，這使得製作洛代夫充滿挑戰和創造性。」

在發酵後，將原味洛代夫麵團分割成每個300g大小，並立即進行整形。由於麵團非常柔軟，因此需要快速處理，避免麵團沾黏。在整形時，要注意保持麵團內的氣體，同時避免帶進過多的空氣。

整形後，將麵團進行最後發酵，再烘烤。烘烤過程中，麵團會膨脹至原來的3倍大，這正是良好麵團的表現。

由於洛代夫在日本尚屬新產品，只有技術良好的個人店鋪才能製作，因此目前仍有許多人對這款麵包不太熟悉。古山先生表示，他希望能夠積極推廣洛代夫的食用方法以及與之搭配的料理，讓更多人瞭解這款麵包的魅力。

**配方**

|  |  |
|---|---|
| **Mon Style**（準高筋麵粉） | **70%** |
| **北之香T85**（キタノカオリ高筋麵粉） | **30%** |
| **Saf即溶酵母** | **0.2g** |
| **鹽** | **2.5%** |
| **麥芽糖漿** | **0.2%** |
| **水** | **70%** |
| **水**（Bassinage後加水） | **15%** |
| **液種** | **30%** |

## 自我分解

**1**

在攪拌缸中首先加入麵粉。所使用的小麥粉為北海道十勝土藏農場出產，再混合了北之香T85（キタノカオリ）。接著加入麥芽糖漿和水。水為離子水，其特性接近天然水，能良好地吸水，從而促進麵筋的形成。

**2**

以1速攪拌約3分鐘。攪拌時間會根據當時的溫度（麵粉溫度）和濕度進行微調。

**3**

當麵粉無乾粉且已成團時，靜置30分鐘。由於有其他麵包需要製作，店內通常會將麵團取出放入平盤中進行自我分解（Autolyse）。

## 攪拌

**4**

經過30分鐘靜置後，麵團已充分水合，成為穩定而柔軟的狀態。將麵團重新放回攪拌缸中，進行攪拌。

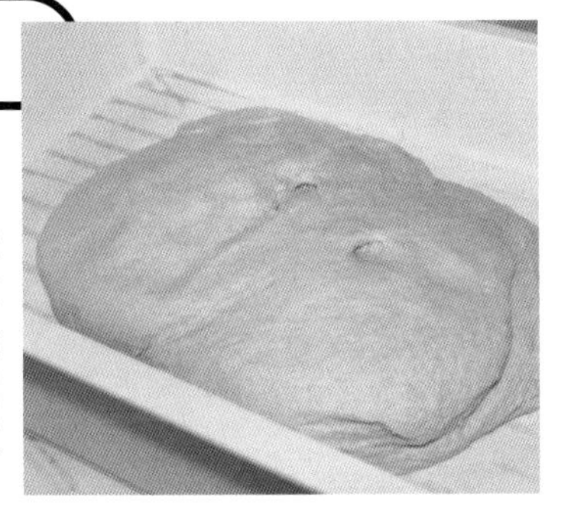

**5**

加入已經持續使用了30年的液種，並以1速攪拌5分鐘。液種由90%小麥粉、10%裸麥粉和100%水混合而成，pH值略低於4。

**6**

當液種混合均勻後，加入來自赤穗的鹽。再加入0.2%的Saf即溶酵母，然後以2速攪拌1分鐘。

**7**

此時，酵母已經充分混合，麵筋也開始形成。接著，繼續以2速進行Bassinage（後加水）。

## 8

逐漸加入Bassinage（後加水），攪拌至水分完全吸收，再繼續加入後加水。按照此步驟攪拌10分鐘。後加水的時機和水量非常關鍵。

## 9

後加水的比例為15%，總加水率達85%。當麵團出現光澤且麵筋形成時，即可結束攪拌。麵團攪拌完成溫度為24°C。

## 10

此時麵團看起來呈液態，倒入撒上手粉的淺麵包箱中備用。

## 一次發酵

## 11

一次發酵在27°C下進行60分鐘。此時的麵團仍然非常柔軟，具有流動性。

## 12

發酵60分鐘後進行第一次折疊排氣。使用刮板從麵團的邊緣開始，將其垂直及水平折疊。根據麵團的狀態來決定折疊排氣的方式和次數。

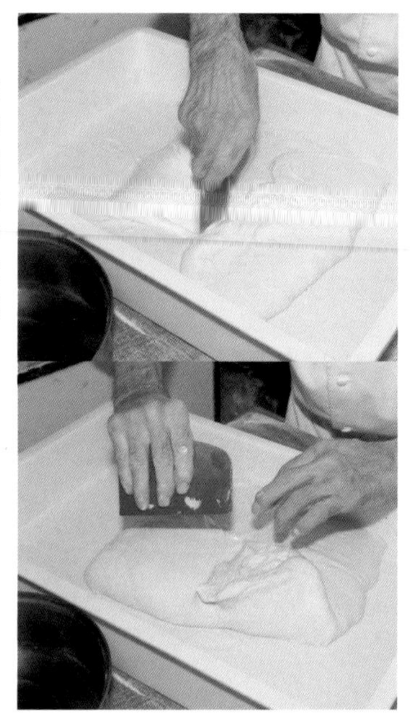

## 13

折疊排氣後將麵團攤平，再次在27°C下放置60分鐘。此時麵團的邊緣膨脹起來，與之前的狀態不同。

## 14

再次折疊排氣並放置60分鐘，根據麵團邊緣的狀態來判斷是否需要再次折疊，注意不要完全重疊麵團。

## 15

最後再放置60分鐘，麵團已經成型，不再流動。考慮到接下來的分割，將麵團整形成便於操作的形狀。

### 分割

## 16

將放置60分鐘的麵團撒上手粉。工作檯上也撒些粉，然後將麵團倒出。

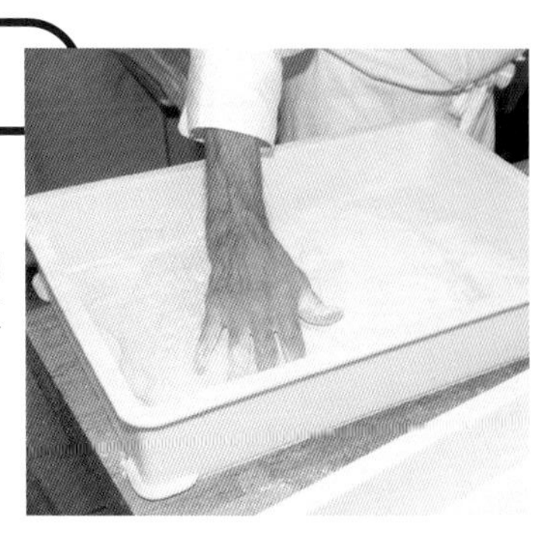

## 17

將原味洛代夫分割成每個300g。因為麵團非常柔軟，容易黏在手上或刮板上，因此需要撒粉並快速操作。

### 整形

## 18

麵團的柔軟度使其難以滾圓，因此將邊緣折疊至內側，捏合開口，並將其整形為方形。注意不要讓空氣進入麵團，也不要排出麵團中的二氧化碳。

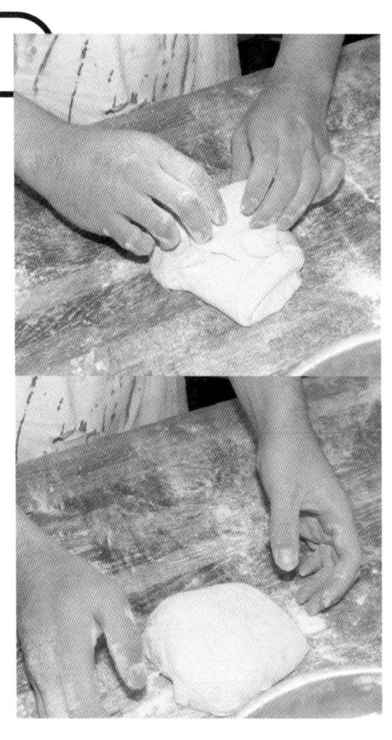

## 最後發酵

**19**

折疊好的麵團封口朝下，放在撒有手粉的帆布上，進行最後發酵。最後發酵在28℃下進行，夏季需要40～50分鐘，冬季需要50分鐘～1小時。這一步驟的判斷非常細膩。

**20**

結束最後發酵的麵團，會呈現出橫向擴展的狀態。

## 烘焙

**21**

在麵團上撒些粉以防沾黏，然後將帆布輕輕提起，將麵團移至取板上，使收口朝上。接著將麵團移至滑送帶上，使收口朝下。

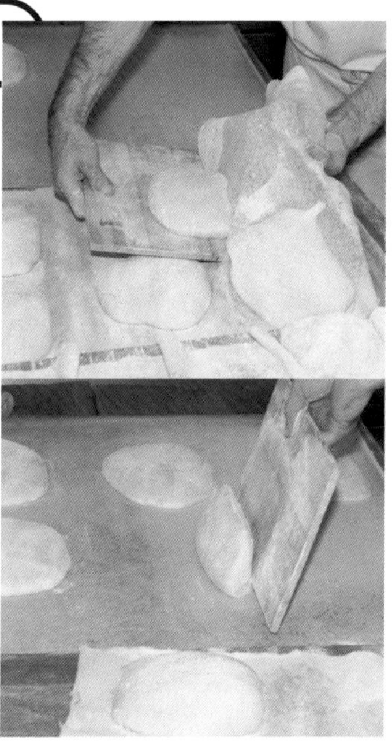

**22**

根據麵團的發酵狀態，進行劃切割紋。

**23**

以上火245℃、下火245℃，放入麵團注入蒸氣。

**24**

烘烤10分鐘後，將上火調至225℃，下火調至230℃，繼續烘烤30分鐘，完成烘焙。

**核桃葡萄乾洛代夫**

在完成攪拌的洛代夫麵團中，加入佔麵粉比例20%，浸泡在蘭姆酒中的蘇丹娜（Sultana）葡萄乾，及30%的核桃（來自格勒諾布爾Grenoble產區，AOP認證）。
1個250g，售價為350円（含稅）。

# Rustique 洛斯提克

## Pain des Philosophes

Owner chef **榎本 哲**

是店內人氣商品之一，據說無論搭配什麼料理都非常合適，一出爐就立刻售罄。這款麵包的含水率超過90%，內部濕潤且非常柔軟，表皮薄且香脆，散發著誘人的甘甜香氣。售價為160円（含稅）。

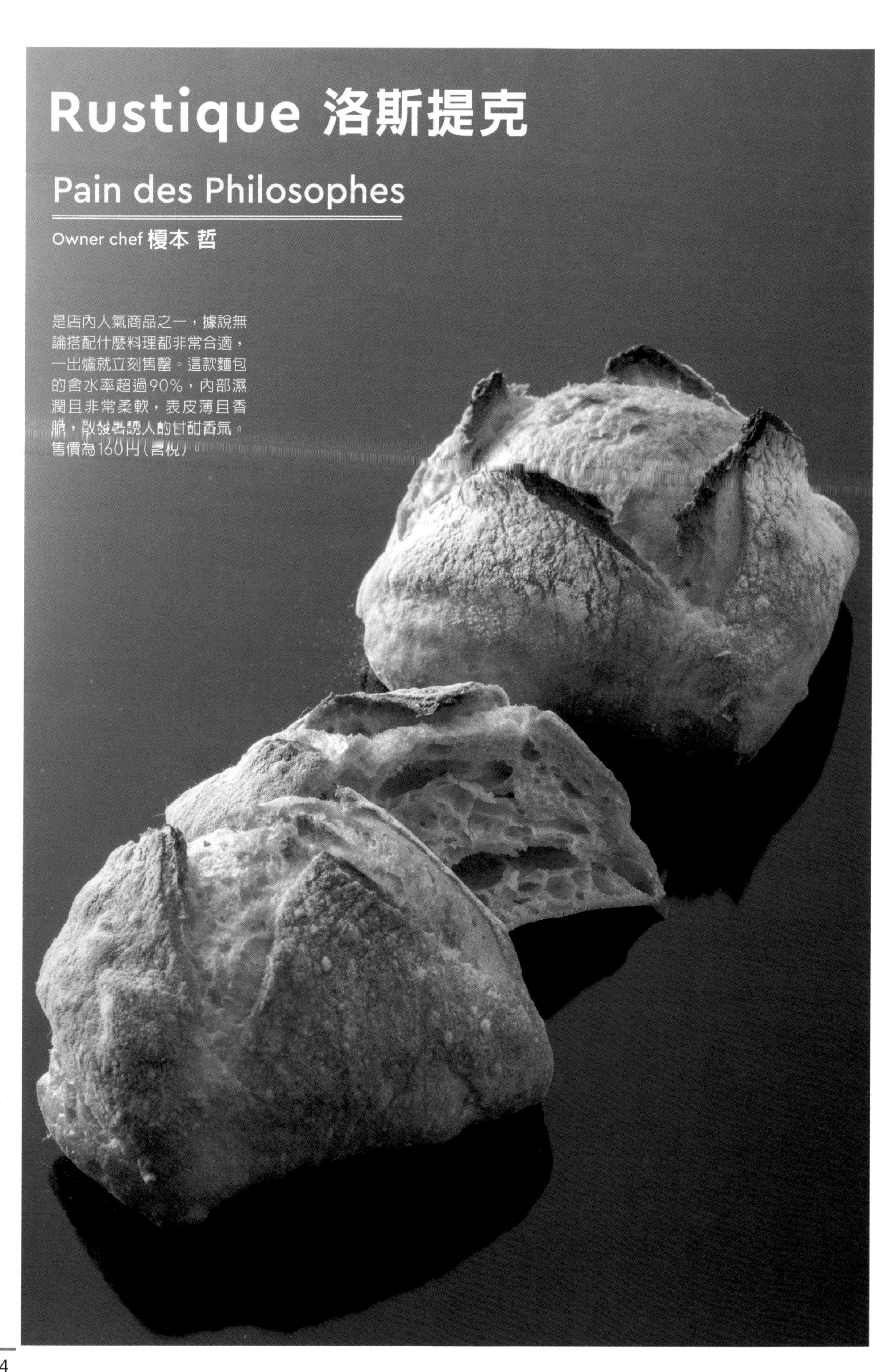

# 總水量達95%。以充分發揮麵粉風味而受歡迎的洛斯提克

### 以小麥的美味為賣點的餐食麵包專賣店

洛斯提克(Rustique)麵包是1983年由巴黎19區的麵包店主－傑拉爾・穆尼耶(Gérard Mounier)先生委託法國國立製粉學校的雷蒙・卡爾維爾(Raymond Calvel)教授所設計的麵包。最初是使用長棍麵團製作，但穆尼耶先生進行了高含水量、縮短攪拌時間的改良，因而廣受歡迎。1986年穆尼耶先生親自來到日本，傳授洛斯提克麵包技術，從此這款麵包在日本作為高含水麵包逐漸普及。

洛斯提克(Rustique)一詞在法語中意指「粗野的」、「田園風格的」，正如其名，由於麵團含水量高且黏稠，因此多數情況下是直接烘烤，無需整形，最終的麵包形狀和大小常常不統一。

這款洛斯提克麵包是東京神樂坂『Pain des Philosophes麵包哲學家』(店主兼主廚－榎本哲先生)的熱門商品之一。

該店幾乎所有上架的麵包都是使用高含水麵團，儘管位於離地鐵站和商店街較遠的住宅區內，仍吸引了眾多專程前來購買麵包的顧客，人氣極高。

「我們的麵包以餐食麵包為主，希望顧客能每天與葡萄酒和起司一起享用這些麵包。為了每天吃也不會膩，不斷追求麵團的美味。」

榎本主廚表示:該店的麵包種類有16～18種。選擇現址開店也是因為希望憑藉美味的餐食麵包吸引顧客專程前來。

製作麵包時，他們特別注重小麥的香氣、澱粉的甜味以及發酵所帶來的美味，這些都是榎本主廚個人認為的美味特點。

「為了引出多樣化的美味，我們進行高含水量、12小時左右的長時間發酵。雖然洛斯提克麵包的含水率超過90%，但發酵時間相對較短，約為4小時。」

### 以平衡口感的方式，刻意帶出「雜味」

「洛斯提克是一款餐食麵包，可以搭配任何料理。相比傳統的長棍麵包，洛斯提克的外皮不那麼硬脆，薄且柔軟，因此任何人都更容易享用。」

榎本主廚表示。該店在製作各種餐食麵包時，盡可能保留每款麵包本身的特色。由於洛斯提克的口感比長棍麵包更為柔和，因此在味道上不追求清淡，而是刻意加入些許"雜味"，使其不會過於樸素。儘管洛斯提克原本是從長棍麵團衍生而來，但為了避免過於田園風格或具有太過強烈的個性，他們在小麥的選擇上做了相應的考量。

## Process flow chart

| | |
|---|---|
| 攪拌 | 1速攪拌3分鐘。 |
| 發酵 | 將麵團轉移至鋼盆，放入溫度26℃、濕度75%的發酵箱，30分鐘後進行第一次折疊排氣。再過30分鐘進行第二次折疊排氣，然後再次放入發酵箱中，總發酵時間為4小時。 |
| 分割 | 將麵團放在帆布上，整理形狀，靜置15分鐘後上下翻面，再靜置15分鐘，整理形狀分割成每個150g。 |
| 烘烤 | 在麵團上劃切割紋後入烤箱。注入蒸氣，上火260℃、下火235℃，烘烤20分鐘。 |

「我們主要選用的是北之香(キタノカオリ)。呈現淡黃色，帶有濃郁的奶油甜味和香氣，製成麵包後能展現出獨特的Q彈口感。基礎的小麥粉『粉粋』是粗磨的北之香，而『Royal Stone』則是以石磨細磨的北之香。」

石磨小麥粉略帶灰色調，這是因為包含了接近外殼的部分。榎本主廚將這款小麥粉與5%的裸麥粉結合，創造出他所追求洛斯提克獨特的“雜味”。

## 引出北之香(キタノカオリ)香氣的製作方法

在製作過程中，著重於發揮北之香小麥的香氣與甜味。

麵團採用直接法，攪拌時間為1速5分鐘，直到看不見麵粉顆粒為止。為了避免香氣流失，攪拌時間設計得較短。

「北之香的吸水率很高，因此加水率達到94%。另外還加入麥芽糖漿水，總加水率為95%。由於攪拌時間較短，鹽事先完全溶解於攪拌水中，確保不留顆粒;酵母則先加入麵粉中，然後再與攪拌水混合。」

攪拌好的麵團具有柔滑的質地，像液體般流動。將其從攪拌缸中用刮板輕輕撈出，放入鋼盆中靜置以促進水合作用，進行兩次折疊排氣(Punch)以形成麵筋，然後進行發酵，發酵時間為4小時。

「發酵時間為4小時，發酵溫度保持在26～27℃，不進行低溫發酵，這樣能更好地引出小麥的鮮味。酵母用量極少，僅為0.16%，這樣麵團中的糖分不會完全被酵母消耗掉，因此發酵後的麵團仍保留著小麥的甜味，烘烤後的風味也更佳。」

發酵後的麵團放在工作檯上，再次折疊排氣並上下翻折，使麵團的狀態更均勻。每個工序中，會撒上適量的手粉，並將麵團整形成方形，這是為了在進行分割時，能快速準確地將軟麵團切成均勻大小。

分割好的麵團會立即放在帆布上，避免麵團橫向擴散。待所有麵團分割完畢後，將其直接放入烤箱，不進行整形。蒸氣量略多，但如果一次注入過多蒸氣，麵團內的氣體會逸出，因此分次注入蒸氣。

這種柔軟的麵團在烘烤後會膨脹至原來的3倍，呈現出水潤的內層與柔軟且香氣撲鼻的麵包。再加上店內每天現烤的核桃，香氣濃郁且充滿風味的「ノア核桃麵包」已成為店內的招牌商品。

**配方**

|  |  |
| --- | --- |
| **粉粋**(瀨古製粉) | 50% |
| **Royal Stone**(ロイヤルストーン横山製粉) | 45% |
| **裸麥粉1150** | 5% |
| **鹽** | 2.3% |
| **麥芽糖漿水** | 1% |
| **半乾酵母** | 0.16% |
| **水** | 94% |

## 攪拌

**1**
將3種小麥粉與酵母放入同一個鋼盆中。右側的奶油色小麥粉為「粉粋」，左側的是「Royal Stone」，後方灰色的是裸麥粉。

**2**
將鹽放入攪拌缸中，將1%的麥芽糖漿水溶解於攪拌水中，然後倒入鹽。由於攪拌時間短，需使用打蛋器徹底攪拌至鹽的顆粒完全溶解。

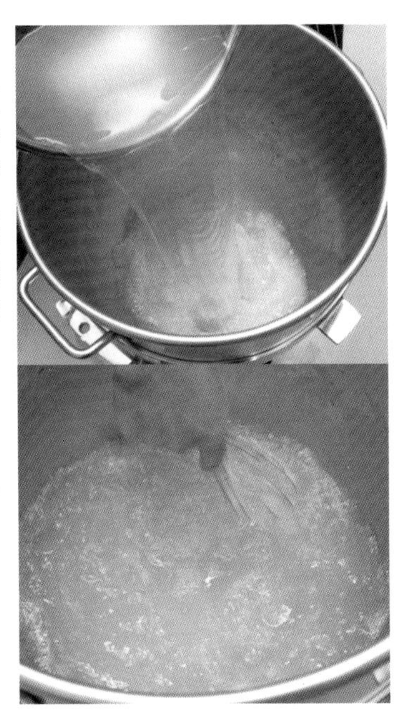

**3**
鹽溶解後，將加入了半乾酵母**1**的粉料一次倒入。

**4**
攪拌以1速進行3分鐘。若攪拌過久會讓小麥的風味消散，因此攪拌時間很短。水分量達到95%，麵團呈現流質狀態，攪拌後麵團的溫度為20℃。

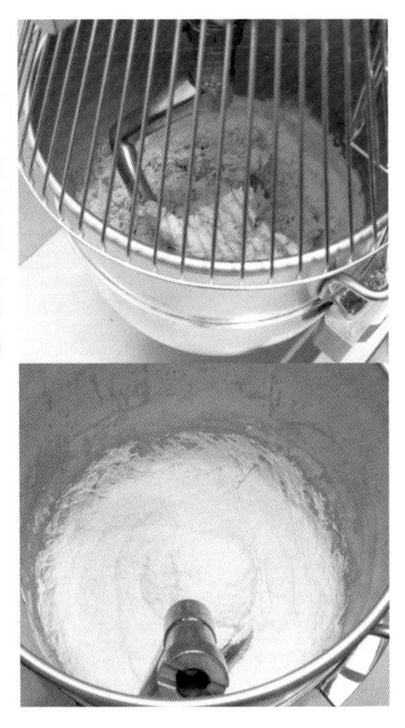

**5**
攪拌完成後，將麵團移入鋼盆中。由於麵團非常柔軟，需使用刮板輕輕撈取後放入。

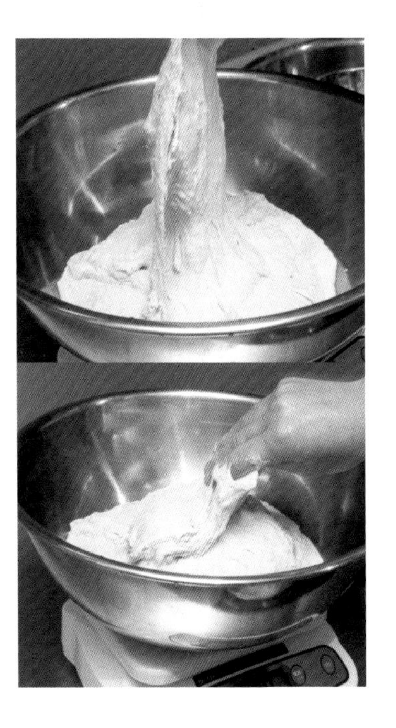

## 發酵

**6**
將麵團置於溫度26℃、濕度75%的發酵箱中靜置30分鐘。照片顯示的是經過30分鐘後的麵團。

## 折疊排氣

**7**

將**6**的麵團進行折疊排氣。使用刮板從麵團後端輕輕撈起，向前折疊。轉動鋼盆2圈同時以刮板進行折疊排氣，直到能感受到麵筋形成。

**8**

折疊排氣後，將麵團重新放入發酵箱中，再靜置30分鐘。照片顯示的是經過30分鐘後的麵團，邊緣稍微緊實。

## 折疊排氣

**9**

將**8**的麵團進行第二次折疊排氣，方法與第一次相同。這次折疊排氣約1圈即可感受到麵筋形成。

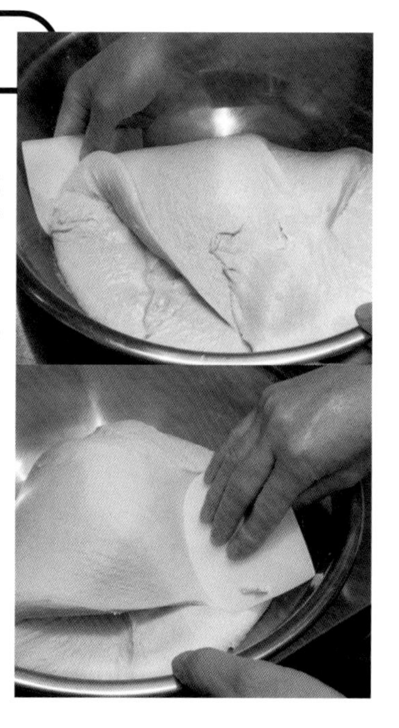

**10**

完成折疊排氣後，將麵團再次放入發酵箱中進行3小時的發酵。照片顯示的是經過3小時後的麵團，酵母活躍，產生的二氧化碳讓麵團稍微膨脹。

**11**

將發酵後的麵團取出放在帆布上，為避免麵團黏在布上，需先在麵團上撒大量手粉，然後用刮板從邊緣輕輕撬開。手粉使用的是高灰分的高筋麵粉。

**12**

將麵團倒在帆布上，帆布上也撒大量粉，並在麵團表面撒粉。然後將麵團的邊緣折起，整形成方形以便操作。

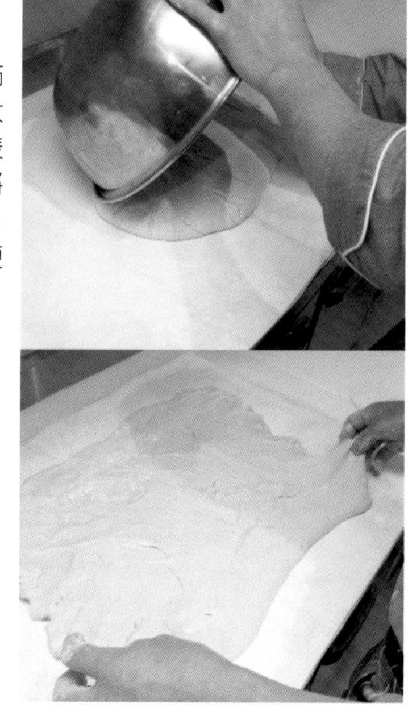

## 13

把展開麵團的前1/3與後1/3向中央折疊，再從左右兩側同樣折疊。

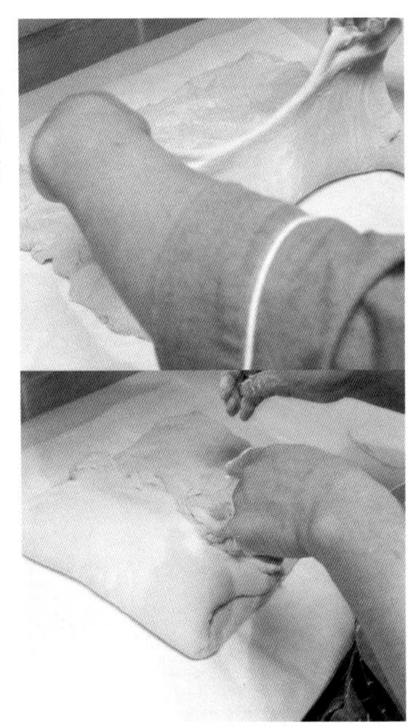

## 14

撒上足夠的粉，並再次整形成方形。每一步驟都將麵團整形成方形，這樣能更容易進行下一步操作。

## 15

整形成方形後，將帆布從兩側折起合攏，讓麵團靜置約15分鐘。

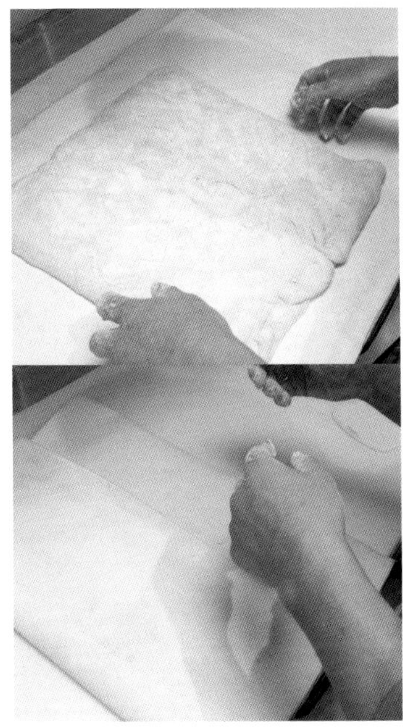

## 16

15分鐘後，為均勻麵團上下的狀態，將麵團翻面。先在麵團底部放一塊取板，然後打開帆布，放上另一塊帆布，再在帆布上放一塊取板，以取板支撐將麵團翻轉。

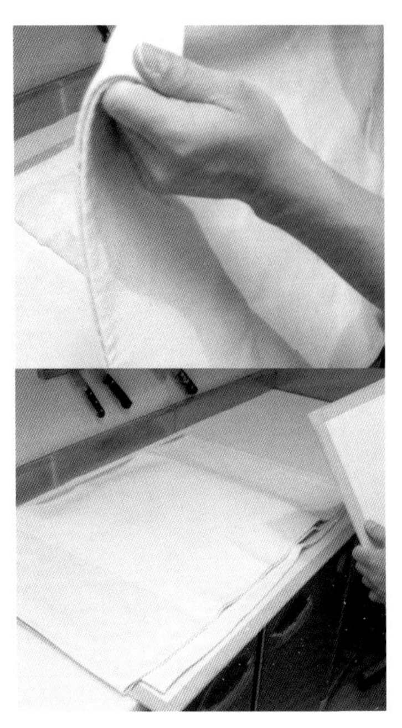

## 17

翻轉後，移除上層的取板與帆布，並將下層帆布從兩側折疊覆蓋麵團，靜置約15分鐘。

### 分割

## 18

靜置後，將麵團整形成易於分割的形狀，然後用切麵刀劃出大致的分割線，進行分割。

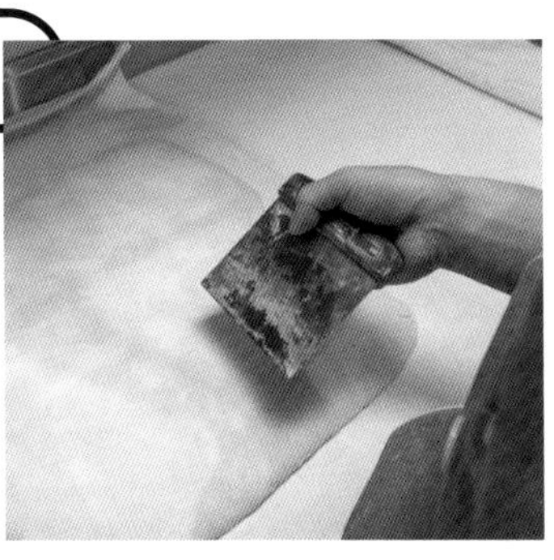

## 19

分割前，需切掉邊緣部分，因為邊緣部分發酵程度較弱。

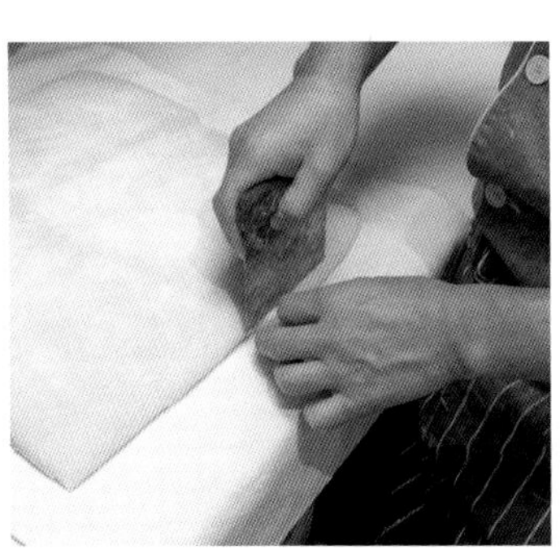

## 20

使用切麵刀將麵團切成每個150g的大小，儘量一次切割到位使大小一致。

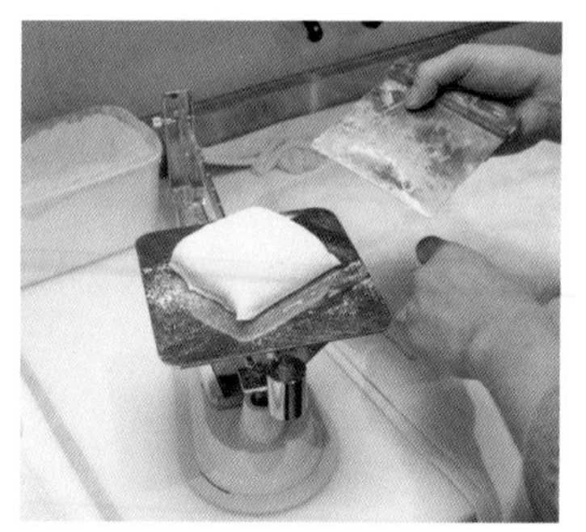

## 21

由於麵團柔軟，分割後會橫向擴展，因此需將麵團放在帆布上，拉起左右的帆布固定麵團，一邊放置一邊進行分割作業。

# 烘烤

## 22

分割後不進行整形，直接將麵團放入烤箱，使用長條形取版將麵團移至滑送帶上。

## 23

在麵團上劃切十字割紋後，將麵團送入烤箱

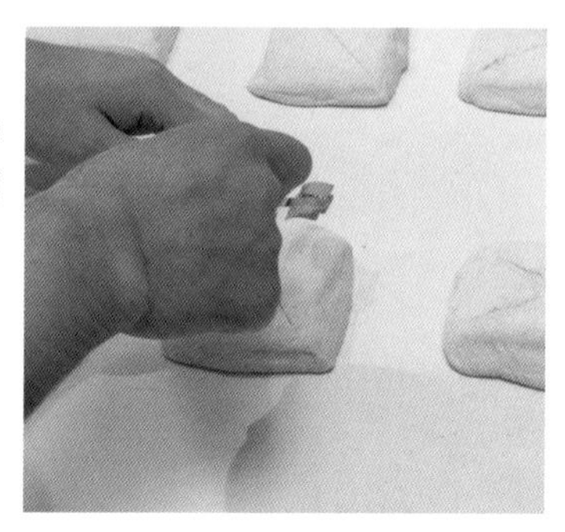

## 24

上火260℃、下火235℃，烘烤20分鐘。注入略多的蒸氣量，但如果一次注入過多蒸氣，麵團內的氣體會逸出，因此蒸氣需要分次注入。

## 25

原本方形扁平的麵團在放入烤箱後不久便膨脹至約3倍，呈現圓滾滾的形狀。

## 26

烘烤約20分鐘後，檢查上色，並將麵包取出。洛斯提克的外殼薄而香脆，內層口感有彈性。

**Rustique 洛斯提克 核桃**

每日在店內現烤的核桃加入Rustique洛斯提克麵團中，香氣濃郁且口感豐富，是一款比店內原味洛斯提克更受歡迎的商品。售價240円（含稅）。

# Seelen 塞倫

## (株)愛工舍製作所

研究室技術顧問 **伊藤雅大**

傳承於德國施瓦本(Schwaben)地區的傳統高含水麵包—Seelen。這款麵包至今仍然是當地非常受歡迎的品項。其外皮(crust)酥脆,而內層(crumb)則柔軟,小麥澱粉糊化後帶來特有的彈嫩口感。這款麵包未來有望成為焦點。

# 運用現代技術，在短時間內製作出德國傳統的高含水麵包

### 源自德國西南部的高含水麵包

除了備受矚目的法國Pain de Lodève（洛代夫），在歐洲的某些地區，自古以來也流傳著高含水麵包。其中之一便是Seelen（日文セーレン）。

「Seelen是源自德國西南部施瓦本地區的麵包。在基督教的亡靈節（也稱萬聖節），當地人有將Seelen與鮮花一同供奉於墓地的習俗。據說，在小麥粉極為珍貴的時代，為了增加麵團的量，製作時加入大量的水，這就是Seelen的起源。」

出自麵包製作設備供應商—愛工舍製作所的研究室技術顧問伊藤雅大先生解說。由於小麥粉難以取得，為了「增加供品的體積」，便採用高含水量的方式製作麵團並烘烤成Seelen這種麵包。

「我曾經製作過這款麵包，印象非常深刻，它非常美味。外皮酥脆，內層柔軟，小麥澱粉糊化後呈現出特有的彈性口感。即便在現代，Seelen在當地依然廣受歡迎。然而，由於高含水率，麵團十分黏手，操作起來比較困難。對於個人麵包店而言，若要勝過大型製造商，應該積極專注於那些操作困難但美味的產品。」

### 採用現代技術，發酵時間縮短了一半

Seelen歷史悠久，配方與製作過程簡單，與現今發展出的各種技法不同。傳統上，所有材料都混合後再進行攪拌。

「傳統方法光是攪拌就非常費力，發酵時間還要4小時，導致操作性極差。對於忙碌的個人麵包店來說，很難抽出時間來製作。因此，我們考慮結合使用Levain Liquid（液態發酵種）、自我分解法（Autolyse）、Bassinage（後加水），來縮短操作時間。」

首先，愛工舍製作所使用的Levain Liquid是一種小麥發酵種，具有優勢的乳酸菌可促進麵團的熟成，短時間內提升麵團的風味。

## Process flow chart

| | |
|---|---|
| 自我分解 | 1速攪拌3分鐘，再以2速攪拌3分鐘，接著進行15分鐘的自我分解。 |
| 攪拌 | 2速攪拌3分鐘，待麵團成形後，改為3速，進行6分鐘的Bassinage(後加水)。 |
| 基本發酵 | 發酵2小時，當麵團膨脹至2倍大時，進行分割。 |
| 分割 | 每個麵團分割成100g。 |
| 整形 | 將整型後的麵團放置於烘焙紙上，撒上適量岩鹽與葛縷籽，靜置10分鐘。 |
| 烘烤 | 上火260℃、下火250℃，注入蒸氣烘烤3分鐘。接著將上火調降至220℃、下火200℃，繼續烘烤20分鐘，最後保持上火220℃、下火200℃，打開排氣閥再烘烤5分鐘。 |

其次，透過自我分解法，可以加速小麥的水合，使麵團的延展性更好。

最後更透過Bassinage（後加水）技法，能在短時間內製作出高含水麵團。即便是傳統的Seelen，含水率也達到80%，水分含量極高，如果不使用後加水，攪拌時間會大幅增加。

「這3個要素的結合，使得傳統需要4小時發酵的麵團可以縮短到2.5小時。此外，無需進行折疊排氣，整型後也不需要進入發酵箱，直接送入烤箱，因此整個製作過程的時間大幅縮短。」

### 高含水麵團的操作，與特殊整型方法

「Seelen的加水率很高，最初加入麵粉的70%，再加上Bassinage（後加水）的12%，總共達到82%。此外，還加入15%的Levain Liquid（液種），最終麵團非常柔軟，像是稀糊般。因此，麵團的操作與整型方法與其他麵包不同。」

製作完成的Seelen麵團柔軟如糯米團，幾乎無法握住。

「在操作Seelen麵團時，不能使用乾粉，因為高含水率麵團表面的水分會吸收粉末，導致結塊。」

因此，操作時使用水來代替手粉。在處理麵團之前，先將雙手沾濕，避免麵團黏在手上。分割麵團時，工作檯也要濕潤。這些水只會停留在表面，不會影響麵團的加水率。

「整型的方式也很特別，使用雙手的拇指和小指，將麵團在濕潤的工作檯上來回推壓，使表面繃緊。這種整型方式在其他麵包中不常見，熟練後才能掌握技巧。」

整型後的麵團放在烘焙紙上，撒上岩鹽和葛縷籽（caraway seed）後進入烤箱。先用高溫烘烤，隨後降低溫度，確保麵包慢慢烤至完全熟透。

**配方**

| | |
|---|---|
| **百合花Lys D'or**（中筋麵粉） | **90%** |
| **Heide**（石磨研磨裸麥粉） | **10%** |
| **麥芽糖漿** | **0.2%** |
| **海鹽** | **2.1%** |
| **新鮮酵母** | **1.5%** |
| **Levain Liquid**（液態發酵種） | **15%** |
| **水** | **70%** |
| **Bassinage**（後加水） | **12%** |
| **岩鹽、葛縷籽**（caraway seed） | **各適量** |

## 自我分解

**1**

將水倒入攪拌缸中，此時的加水率為70%。

**2**

加入Levain Liquid（液態發酵種）。愛工舍製作所的Levain Liquid富含乳酸菌，能幫助麵團的熟成，並能在短時間內釋放出豐富的熟成風味。

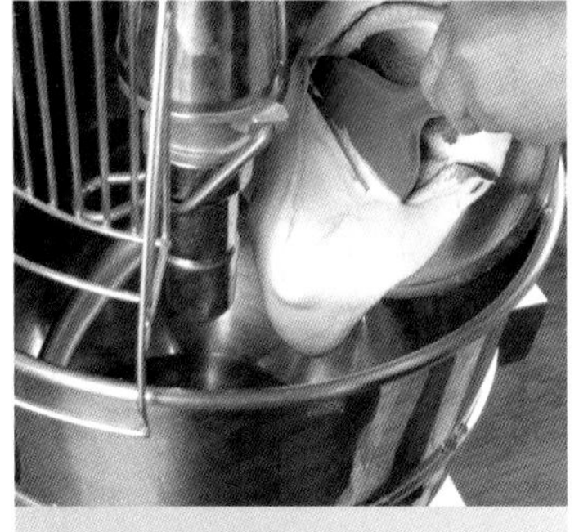

**3**

加入麥芽糖漿與粉類。將麥芽糖漿倒在部分粉類上，避免黏附在容器內。這個配方中添加了10%的裸麥粉，屬於傳統的組合比例。

**4**

以1速攪拌3分鐘，再以2速攪拌3分鐘，直到所有材料混合均勻。此時麵團的完成度約為50%。為了避免乾燥，覆蓋一層塑膠布，靜置15分鐘進行自我分解。

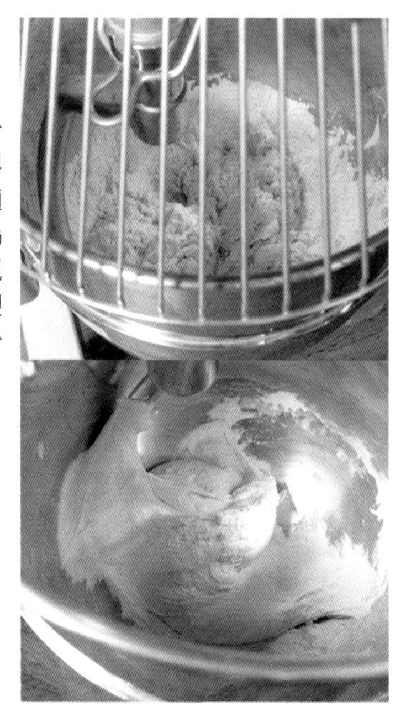

## 攪拌

**5**

準備酵母液。自我分解進行時，取一部分後加水（Bassinage用的水）將新鮮酵母溶解備用。自我分解結束後，以2速攪拌時將酵母水逐步加入麵團中。

**6**

酵母水加入後，待麵團稍微成形，再逐步加入鹽，攪拌約3分鐘。

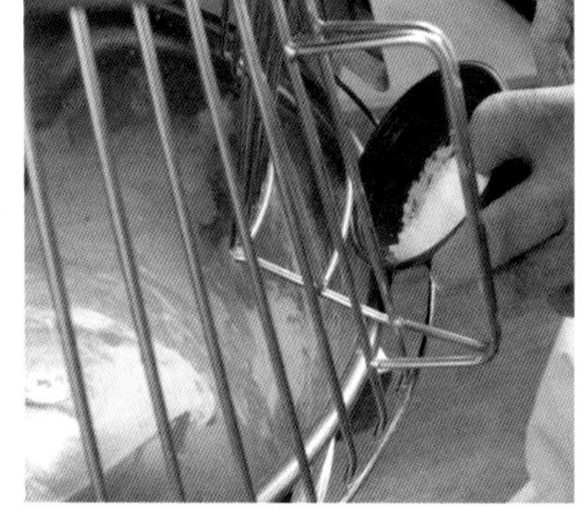

**7**

當麵團的筋度達到70～80%時，即可進入Bassinage（後加水）階段。此時，檢查麵團的狀態非常重要。

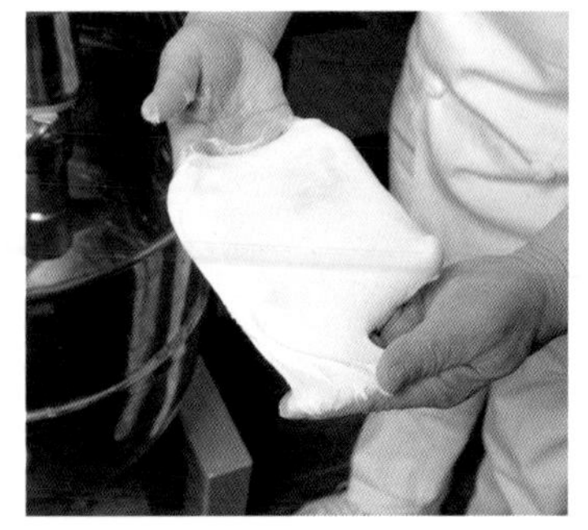

**8**

調整攪拌機至3速，少量加入後加水，等待麵團吸收水分後再繼續加入，持續攪拌6分鐘，直到水全部吸收。

**9**

最後的麵團質地非常柔軟且含水量高，但筋度良好，水分分佈均勻，麵團不會過度黏手。

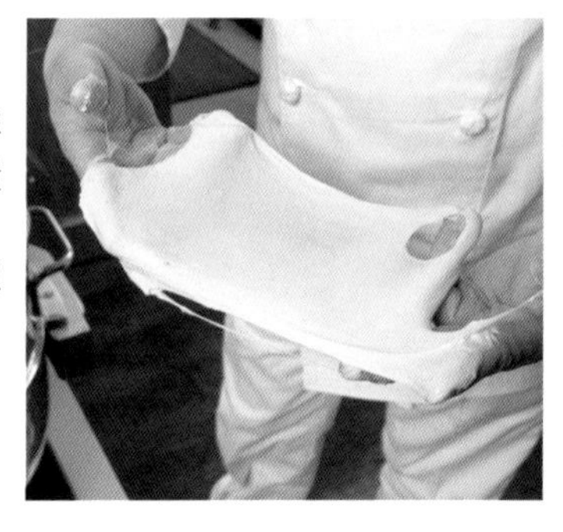

**10**

容器內塗抹橄欖油防黏，雙手浸水防止麵團黏手，將麵團取出放入麵包箱。此時檢查麵團溫度，理想的麵團溫度為24℃。利用後加水的溫度來調整麵團溫度是Bassinage技巧的優點之一。

## 發酵

**11**

麵團取出後，呈現柔軟的橫向流動狀態。為避免乾燥，覆蓋塑膠布進行2小時的發酵。

**12**

2小時後，當麵團膨脹至2倍大時，即可進行分割。

## 分割·整型

**13**

由於麵團黏性較強，工作檯應以水濕潤，避免使用手粉，手粉會讓麵團表面結塊。

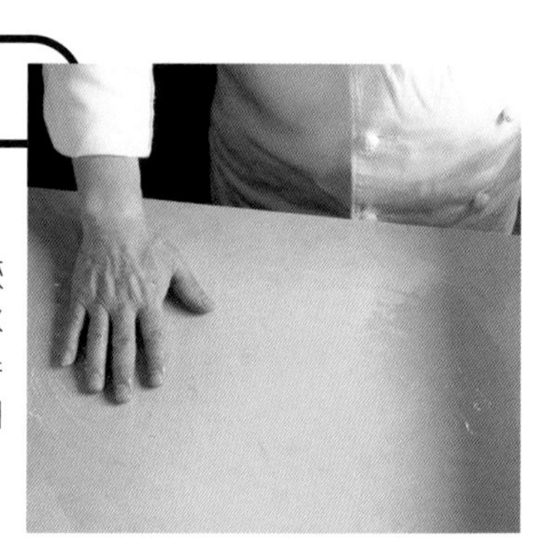

## 14

雙手也需濕潤，利用刮板切割麵團，從容器中輕輕將麵團取出。

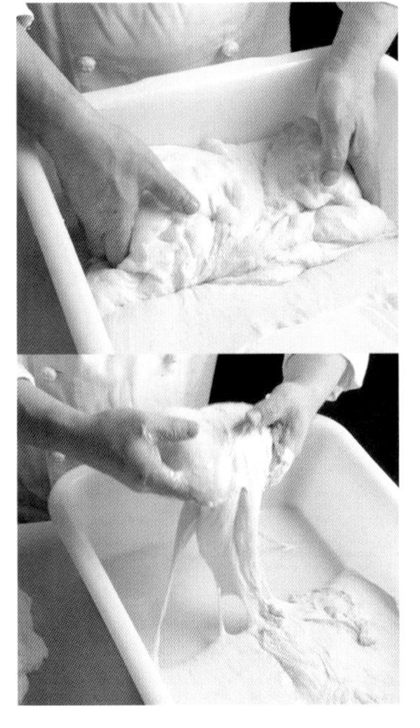

## 15

將麵團放在已濕潤的工作檯上，稍微整理成便於分割的形狀。

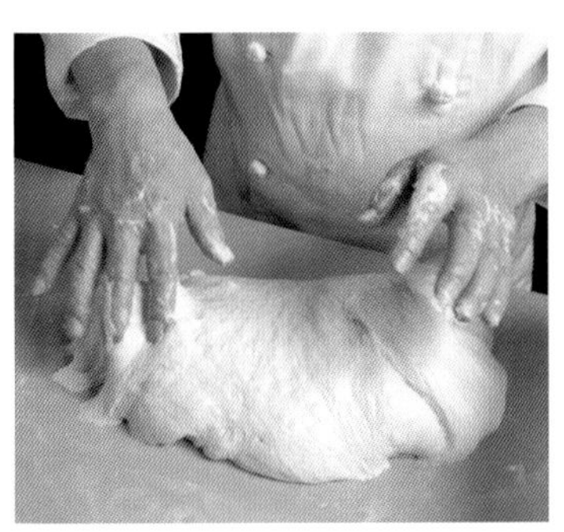

## 16

將麵團分割成每個100g的小塊，過程中需定期濕潤刮板以防麵團黏附。

## 17

分割後立即進行整型。用濕潤的雙手將麵團捲成圓形，然後對摺2次，放回工作檯上。

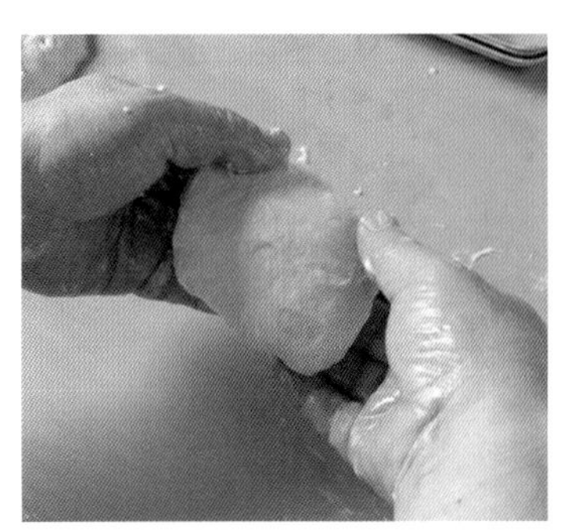

## 18

表面拉伸。以雙手大拇指將麵團向工作檯深處邊壓邊推，使表面緊實。上方照片是從製作者的方向拍攝，下方照片是面對製作者拍攝。

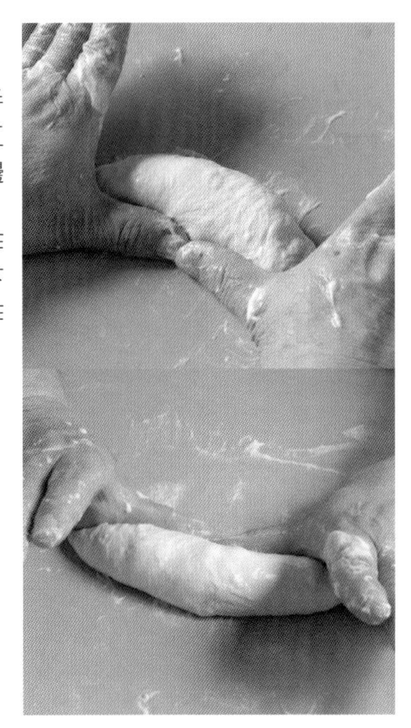

## 19

接著，以雙手小拇指的外側將麵團向自己的方向拉，使表面更加緊實。上方照片是從製作者的方向拍攝，下方照片是面對製作者拍攝。

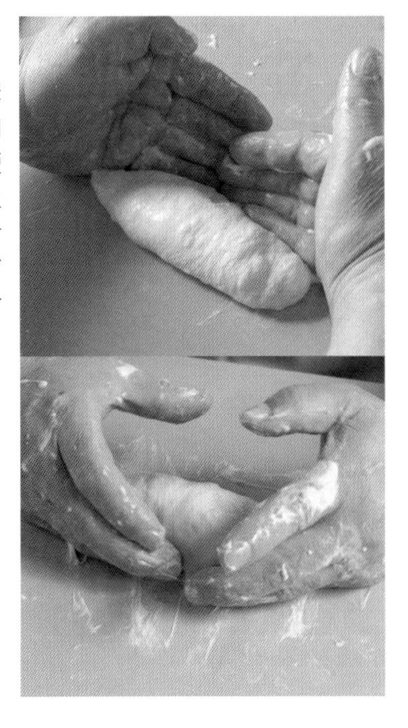

**20**

整型好的麵團放置在舖有烘焙紙的烤盤上。

**21**

立即撒上岩鹽，確保烘焙後仍能保留形狀，再撒上葛縷籽。也可選擇加入半乾番茄或黑橄欖等變化。

**22**

整型後，靜置10分鐘讓麵團鬆弛，以便在烤箱中更好地膨脹。

## 烘烤

**23**

以上火260°C、下火250°C的溫度入爐，並注入蒸氣烘烤3分鐘，初步高溫能讓麵團迅速膨脹。

**24**

3分鐘後，將溫度降至上火220°C、下火200°C，慢慢烘烤20分鐘。由於麵團含水量高，需要較長時間才能徹底烤熟。烤至20分鐘後，保持同樣溫度，打開排氣閥，讓麵團乾燥5分鐘，即可取出（※依使用的烤箱類型進行調整）。

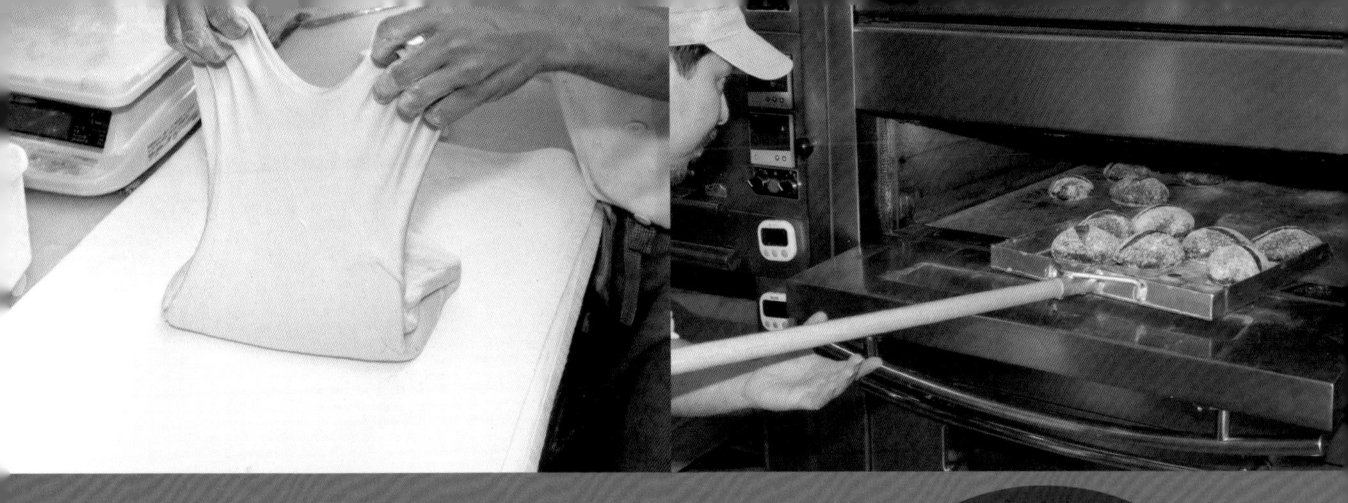

Chapter 3

# 人氣店「低糖油高含水麵包」的技術

介紹在長棍baguettes和全麥麵包…等經典的Lean類低糖油麵團中，添加更多水來製作高含水麵包的技術。

# Pain Fermier農家麵包

## （株）愛工舍製作所

研究室技術顧問 **伊藤雅大**

與簡單的鄉村麵包相比，這款"農家麵包"進一步提升了裸麥的香氣。使用了Bassinage（後加水）的技法，這款麵包的加水率最高可達85%，其特色是小麥香氣濃郁且口感Q彈。

# 透過正確理解和掌握Bassinage（後加水）技術來製作的農家麵包

## Bassinage 是法國的一項“新技法”

自2000年以後，麵包製作現場開始出現“Bassinage”這一術語。熱衷研究的麵包師們透過這種技法，開始製作出高含水的麵包。

關於這項成為高含水麵包製作基礎的技術，㈱愛工舍製作所的研究室技術顧問－伊藤雅大先生為我們解釋了Bassinage的正確理論與技法。

「Bassinage（法文中的‘後加水’）是指在麵團已經形成麵筋之後，額外加入水分的技術。1980年代，法國的麵包製作現場已經在使用這一技法。然而，當時的技術還無法將額外加入的水完全融入麵團中，導致水分析出，因此這項技術曾經被視為禁忌。」

Bassinage 是麵包製作界相對較新的技術。那麼，為何在法國的麵包製作業界，這項曾經被視為禁忌的技術如今獲得到廣泛的應用呢？

「法國著名MOF麵包師們認為，這一變化與小麥粉品質的改變有關。過去，法國主要使用國產的小麥來製作麵包，隨著高蛋白質的進口小麥逐漸被使用，原有技術無法保留傳統法國麵包的口感。為了迎合消費者的喜好，Bassinage（後加水）開始得到應用。」

伊藤先生敏銳地捕捉到法國麵包製作現場的這一變化，並迅速將Bassinage技法及其優點引入日本，透過各類講座推廣此一技術。

## Bassinage製作麵團的「5大優點」

伊藤先生總結了Bassinage的5大目的。

① 使用高蛋白小麥粉或高筋麵粉時，透過Bassinage可控制麵團的強度。

② 當麵團溫度升高時，使用冷水進行Bassinage，可調節麵團的溫度。

## Process flow chart

| | |
|---|---|
| 準備 | 將2種裸麥浸泡備用。 |
| 自我分解 | 1速攪拌5分鐘。防止乾燥，進行30分鐘的自我分解(Autolyse)。 |
| 攪拌 | 1速攪拌2～5分鐘，加入鹽後以2速攪拌1分鐘。接著，在進行Bassinage(後加水)的同時以2速攪拌約4分鐘。攪拌完成時的麵團溫度應為24℃。 |
| 基本發酵 | 60分鐘後進行一次折疊排氣(Punch)，再靜置60分鐘。 |
| 分割．滾圓 | 1個麵團800g |
| 靜置 | 30分鐘。 |
| 整形 | 收口朝上放置，輕輕拍平。將麵團邊緣折入中央捏合，收口朝上放入撒有裸麥粉的籃中。 |
| 最後發酵 | 在溫度26℃、濕度78%的環境下發酵約80分鐘。 |
| 烘烤 | 上火、下火均為240～230℃的烤箱(注入蒸氣)烘烤約45分鐘。 |

③ 可以獲得光澤、內部組織均勻且濕潤的麵包。
④ 麵包皮薄而酥脆。
⑤ 透過Bassinage，麵團量增加，產量更高。

「每位麵包師都有自己理想的麵包，為實現這一目標有多種技法可供選擇。Bassinage具備上述5大優點，希望大家能將其作為麵包製作中的一項技法。」

為了展示Bassinage的優點，這次試作的是農家麵包（Pain Fermier）。

「正如名稱所示，這款麵包比鄉村麵包更樸素，使用了更個性化的材料，進一步提升了裸麥的香氣。」

通常，鄉村麵包會使用全麥粉或裸麥粉，而這裡使用了粗磨裸麥粉和壓扁的裸麥，使口感更具個性，風味更濃郁。主要小麥粉選用能夠最有效發揮Bassinage效果的種類，不僅強化了小麥香氣，還帶來了更加Q彈的口感。

加水率因季節而異，通常鄉村麵包的加水率約為70%左右，而這裡透過Bassinage加水率可達85%。

### 在進行Bassinage（後加水）之前，必須先完成麵團的攪拌

農家麵包的具體製作過程是，首先使用自我分解（Autolyse）製作基本的麵團。

「在這裡加入Levain liquid（液態發酵種）的目的是為了增加味道的熟成度，而不是為了發酵。添加以乳酸菌為主的熟成麵團，能使味道更有層次。此外，自我分解法能使麵團的水合進程加快，從而縮短後續工序。雖然主麵團攪拌使用的新鮮酵母僅為0.4%，但由於自我分解法中加入了Levain liquid，這樣可以將發酵時間縮短至約2小時。」

在主麵團攪拌階段，添加新鮮酵母後，在攪拌後期加入鹽。鹽的作用是調味以及使麵筋更加緊實。在進行Bassinage（後加水）之前，必須先完成主麵團的攪拌。

在進行Bassinage時的重點是：「Bassinage的水應分次加入，每次添加的水需完全與麵團融合後，再添加下一次水。如果一次添加過多水，麵團會在攪拌機中空轉，攪拌時間會延長，因而對麵團造成損害。」

關於最終需添加多少水分，「透過進行Bassinage，最終可以製作水分量達90%的麵團。希望您考慮加水量作為獲得想像中麵包風味的方法之一，請根據加水率進行調整。」

另外，處理高含水的柔軟麵團時，取出麵團時應使用水而非手粉。輕輕潤濕雙手可以避免柔軟的麵團沾黏。

**配方**

| 準備 | |
|---|---|
| Sonne（大陽製粉） | 10% |
| 裸麥片Schrot（大陽製粉） | 10% |
| 熱水 | 40% |
| **自我分解（Autolyse）** | |
| TYPE55（鳥越製粉） | 80% |
| Levain liquid（液態發酵種） | 30% |
| 水 | 35% |
| 「前處理」裸麥 | 全量 |

| 攪拌 | |
|---|---|
| 自我分解麵團 | 全量 |
| 新鮮酵母（用1%水溶解） | 0.4% |
| 海鹽 | 2.4% |
| 水（Bassinage用） | 9% |

## 準備

小麥來源的Levain liquid（液態發酵種）特點是乳酸菌的數量超過酵母菌。在製作過程中會同時使用酵母。

材料準備：由於粗磨全麥粉「Sonne」和壓扁的「裸麥片」會在口中留下顆粒口感，因此需要加熱水進行處理。

避免結塊，將材料充分混合。為了讓其冷卻，放置最少3小時。如果想在早晨使用，建議前一天處理並冷藏，但夏天要注意表皮上的細菌容易使其變質，需要進行溫度管理。

## 自我分解

**1**

在攪拌機中加入水合Levain liquid（液態發酵種）。液態發酵種作為自然發酵種添加，具有防腐作用，能使小麥蛋白變得柔軟，並在烘焙後提供深厚的風味和熟成感。

**2**

添加小麥粉。使用高蛋白粉以充分發揮Bassinage的效果。

**3**

加入預先準備好的粗磨裸麥片。由於已經吸水並形成膠狀，因此需要充分攪拌後再加入。將粉加入水中而非將水加入粉中，以確保小麥粉均勻吸水。

**4**

自我分解階段以1速攪拌5分鐘，使粉類均勻吸水。

**5**

當攪拌機停止後，為防止乾燥，覆蓋塑膠袋，靜置30分鐘。理想的麵團溫度為24℃，但如果此時稍高，後續使用冷水進行Bassinage可以調整麵團溫度。

## 主麵團攪拌

**6**

將靜置30分鐘的麵團進行攪拌。以1速攪拌4分鐘，加入用水溶解的新鮮酵母。最終麵團含有30%的液態發酵種和0.4%的新鮮酵母。

**7**

然後加入鹽。鹽的作用是調味並加強麵筋結構。轉至2速攪拌1分鐘。

**8**

當酵母和鹽混合均勻後，開始Bassinage（後加水）。保持2速攪拌約4分鐘，少量並逐漸添加水。每次加水需等水充分混合後再添加下一次。避免一次加入大量水，這樣會導致麵團在攪拌機中空轉，增加攪拌時間並可能損壞麵團。

**9**
完成Bassinage後的麵團應光滑、有光澤且柔軟。可以製作加水量超過90%的麵團。

**10**
處理柔軟麵團時，通常使用大量手粉，但使用水可以減少結塊並提高操作便利性。將手輕微濕潤可避免麵團沾黏在手上。

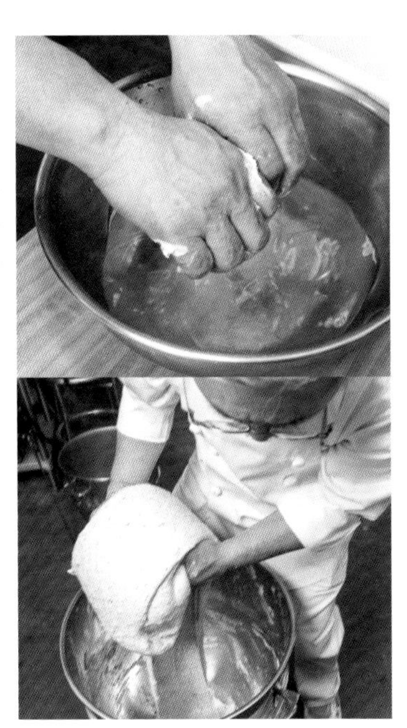

## 基本發酵

**11**
將麵團轉移到麵包箱中，蓋上蓋子，靜置60分鐘。下方照片顯示靜置60分鐘後的麵團。

## 折疊排氣

**12**
60分鐘後，進行一次折疊排氣。從四方折疊麵團以排氣。

**13**
折疊排氣後，將麵團再次蓋上蓋子，靜置60分鐘。下方照片顯示靜置60分鐘後的麵團。

## 分割·滾圓

**14**
靜置的麵團分割成每塊800g並進行滾圓。此過程中使用手粉而非水。

## 靜置

**15**

整形後的麵團進行30分鐘的靜置。下方照片顯示靜置後的麵團。

## 整形·最後發酵

**16**

使用圓形發酵籃。為了衛生，使用廚房紙巾替代帆布，並撒上大量的裸麥粉。

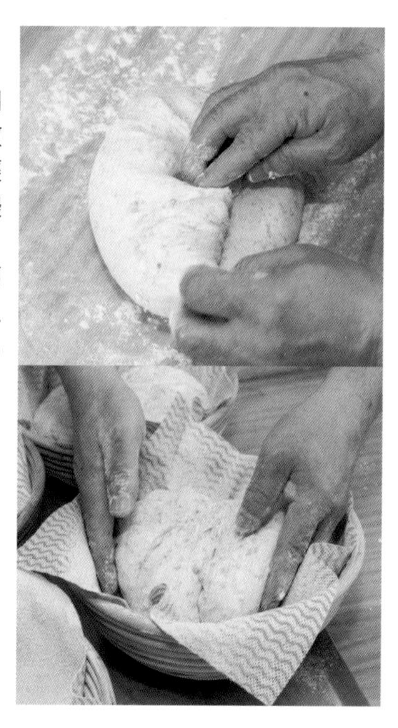

**17**

靜置後的麵團用刮刀取出，將收口朝上放置，輕輕拍平。將麵團邊緣折入中央捏合，收口朝上放入撒有裸麥粉的籃中，以26℃、濕度78%發酵80分鐘。

**18**

發酵狀態良好後，取出麵團。檢查表面是否濕潤，如仍濕潤，需靜置5分鐘乾燥，以防止麵團黏附在麵包鐽上，影響入爐。

## 烘烤

**19**

將麵團轉移到麵包鐽上，表面撒上裸麥粉，進行劃切割紋。為了使麵團內部受熱均勻且不過於膨脹，割紋要深入一些。

**20**

將麵團送入蒸氣充足的烤箱中，上下火溫度240～230℃，烘烤45分鐘左右。麵團會逐漸膨脹並上色。烘烤至內部完全熟透後取出。根據喜好調整烘烤顏色，稍微深色更香脆可口。

# 米麴Pain Complet全麥麵包

## Ça marche

Chef boulangerie 西川功晃

在非夏季時節的週末，會推出使用米麴製作的餐食麵包。這款麵包的特點是薄脆的外皮和輕盈的口感。由於米麴的作用，帶有些許甜味，並散發出香氣，讓人食慾大增。米麴在攪拌過程中會融化，因此不會有米麴的口感。

# 加入米麴，以「味道調和」方式製作的全麥麵包

### 使用米麴製作，搭配和風食材的麵包

日本酒、醬油、味噌等，麴在日本的飲食文化中不可或缺。位於神戶三宮的熱門人氣店『Ça marche』，巧妙地將麴運用於麵包製作中，這款「米麴Pain Complet全麥麵包」便是其中之一，非常特別的產品，結合了不同種類的麴，特別是以米麴（糀）來提升麵包的風味。

「我開始考慮將米麴運用到製作麵包上，源自於之前鹽麴風潮，當時麴菌受到了廣泛關注。麴通常用來發揮其發酵能力，製作調味料等產品，而鹽麴風潮讓麴本身作為一種調味料使用。因此，我想到將麴運用到麵包製作中，可能會增強麵團的發酵力和鮮味，因此成為契機。」

以上為主廚兼麵包師—西川功晃先生的回覆。他以不斷推出創新麵包聞名，並且活躍於各種講習會。

「米麴會帶來一種淡淡的甜味和香氣，讓日本人感到一絲懷舊的味道。與傳統西式麵包不同，這是一種具有和風風味的麵包。如今，和食正受到廣泛關注。使用米麴，能製作出與和風食材搭配的麵包。比如說，做成和風食材夾餡的三明治也非常美味。」

### 充滿靈活性與變化的麵團—全麥麵包

選擇了全麥麵團來使用米麴。「全麥麵團具有最大的靈活性，且易於處理。以全麥麵團為基礎，能加入各種不同的食材。無論是蔬菜還是乳酪，都可以融入其中。這款麵包口味簡單樸實，但也能凸顯蔬菜的風味，讓麵團具有多樣性。而且發酵時間短，操作效率高。相反地，比如說長棍，發酵時間較長，在此過程中，可能會產生與麴菌預期效果不一致的物質，無法達到期望的麵團效果。」

西川主廚進一步表示，如果想要製作更加豐富口感的麵包，他會用相似的製作方法來製作布里（Brie）麵包，根據當天的產品配置，在全麥（Complet）和布里之間做出選擇。

## Process flow chart

|  |  |
|---|---|
| 準備 | 在攪拌前1小時，每1kg粉對應100g米麴，加入150g 50℃的溫水中浸泡回軟。 |
| 攪拌 | 用1速攪拌3～4分鐘，途中加入發酵麵團。麵團成型後，像Bassinage（後加水）的方式一樣，分批加入回軟的米麴繼續攪拌。當所有米麴加入後，調到2速，攪拌至麵團出現光澤，約3～4分鐘。 |
| 基本發酵 | 在28℃的發酵箱中發酵60分鐘。中途，發酵30分鐘後進行一次折疊排氣（Punch），再靜置30分鐘。 |
| 分割・滾圓 | 1個100g。 |
| 靜置 | 在28℃的發酵箱中發酵20分鐘。 |
| 整形 | 折疊麵團，輕輕捏合收口，收口朝上放在撒了粉的帆布上。 |
| 最後發酵 | 在28℃的發酵箱中發酵30分鐘。 |
| 烘烤 | 上火250℃、下火230℃的烤箱（注入大量蒸氣）烘烤12～13分鐘。 |

## 用Bassinage技術，加入米麴進行攪拌

米麴不像酵母一樣具有發酵能力，因此在製作麵包時，主要用來增強風味。使用之前，會先用50°C的溫水將米麴泡軟，釋放出麴菌特有的鮮味和香氣，然後再投入麵團。此過程中，1kg的小麥粉加入100g米麴和150g溫水。這些水不是製作麵團的水分，而是額外添加的。

「最初的麵團用水量為67%，這是全麥麵包的標準配方。然後再加入泡好的米麴，總共加水量達到82%。高含水的優點是麵包內層會有鬆軟、粗獷的質感。」

攪拌時，米麴是在麵團成型後逐步加入。邊攪拌邊加入米麴，讓麵團與米麴充分融合。米麴分3次加入。

如果一開始就全部加入米麴，麵團會變得過於柔軟，難以成型。攪拌時間過長，麵團內部會產生過多的熱度，進而吸入過多空氣，鮮味也會因此流失。

「像後加水一樣分批加入米麴，類似於Bassinage技術。米麴已經吸收了水分，因此質地緊實，但總水分含量達到82%，麵團變得非常柔軟。」

即使麵團已經形成了麵筋，並且有了光澤，但仍然非常柔軟，甚至在麵包箱中會向四周擴散。因此，操作麵團時需要特別小心。

「由於麵團非常柔軟，分割時要用刮刀像“舀取”一樣小心操作。」

整型時使用手粉，但要注意不要讓手粉進入麵團內部。將收口朝上放置在帆布上進行最後發酵。這樣在發酵過程中，麵團不會形成過多的麵筋，能夠自然擴展。

烘烤時，必須大量使用蒸氣。成功的麵包烘烤出來會呈現蓬鬆的狀態。由於米麴的作用，麵包表面色澤鮮豔，外皮薄脆，內部則保持濕潤和柔軟的口感。

**配方**

| 百合花Lys D'or 粉 | 80% |
| --- | --- |
| 全麥粉 | 20% |
| 鹽 | 2% |
| 細砂糖 | 2% |
| 半乾酵母 | 1% |
| 水 | 67% |
| 發酵麵團 | 20% |

| （以1kg粉為基準） | |
| --- | --- |
| 米麴 | 100g |
| 溫水（50°C） | 150g |

## 準備

照片上方為尚未用熱水浸泡的米麴。攪拌前1小時，將米麴加入50℃的熱水中浸泡吸水，使其散發出甜味與香氣。照片下方則是浸泡後的米麴。

## 攪拌

**1**

將水倒入攪拌缸，先加入混合好的百合花（Lys D'or）粉和全麥粉。全麥粉使用的是江別製粉的石臼研磨粉。

**2**

加入鹽、細砂糖和半乾酵母。

**3**

先用1速攪拌，直到材料混合均勻。1速攪拌的總時間為3～4分鐘。

**4**

當麵團稍微成型，加入發酵麵團。以1速攪拌1分鐘。麵粉與發酵麵團相比，麵團之間更容易融合。照片中的發酵麵團使用的是長棍麵團。

**5**

當發酵麵團融入後，取出麵團檢查狀態，這時麵筋已經開始形成。

**6**

麵團成型後，分3次加入已回軟的米麴。每次待米麴與麵團充分融合後，再加入下一批米麴，水分也同時增加。

## 7

當所有米麴都加入並融合後，調至2速攪拌3～4分鐘。因為是較硬的麵團，需要澈底攪拌，直到麵團有良好的延展性。

## 8

完成的麵團，麵筋已經形成，表面有光澤，並且非常柔軟。

## 9

麵團非常濕潤，用蘸水的手將麵團取出，避免使用手粉，因為手粉會進入麵團內部，影響質地。而少量的水分則不會對麵團產生影響。將麵團均勻壓平。

### 一次發酵

## 10

將麵團放入發酵箱進行一次發酵，先發酵30分鐘。照片下方顯示的是30分鐘後的麵團，表面已經形成了一些氣泡，麵團的邊緣略有膨脹，但仍然非常柔軟。

### 折疊排氣

## 11

將**10**的麵團進行折疊排氣。從前後、左右的方向將麵團折入。

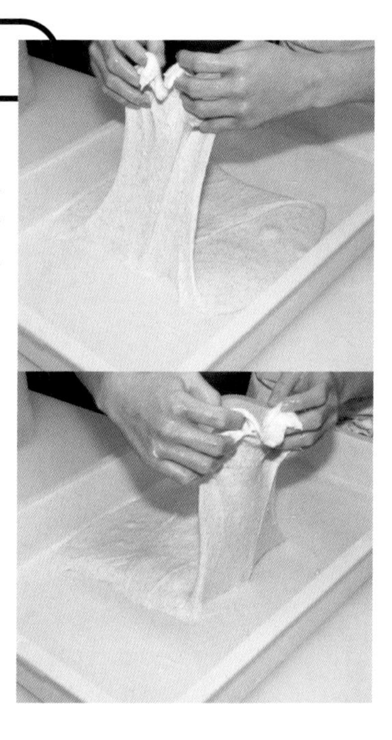

## 12

再次將麵團均勻壓平，放回發酵箱，繼續發酵30分鐘。

## 13

30分鐘後的麵團，看起來已經稍微變得更穩定。

## 分割・滾圓

## 14

將麵團分割。均勻撒上手粉，用刮板將麵團橫向分切，再用刮板將麵團，分割成每個100g一一取出。

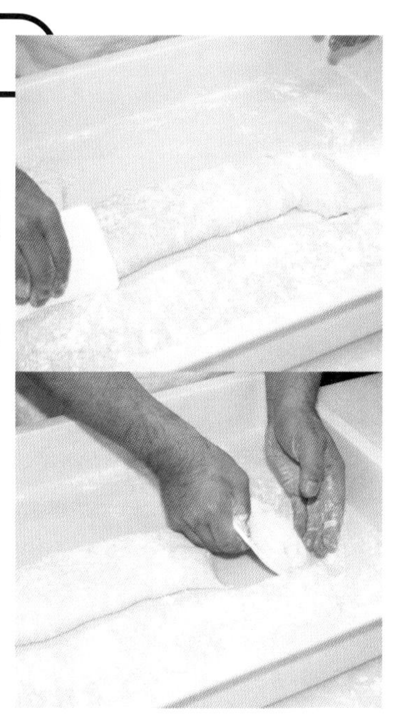

## 15

因麵團無法滾圓成球狀，需將其折疊。從麵團前方和後方各取1/3部分向內折疊，然後輕輕捏合收口。

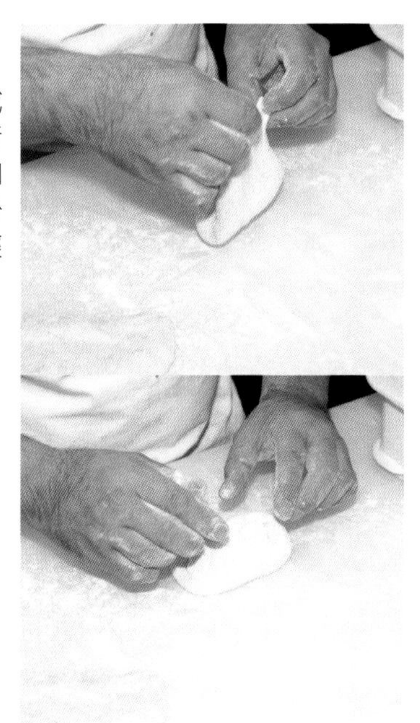

## 靜置

## 16

將麵團放置在發酵箱內，靜置20分鐘。

## 17

20分鐘後的麵團。照片上方是靜置前的麵團，下方則是靜置後，麵團變得稍微濕潤且鬆弛。

## 整形

## 18

撒上手粉，將麵團底部朝上取出，像**15**折疊麵團，輕輕捏合收口。要小心避免將手粉捲入麵團內部。

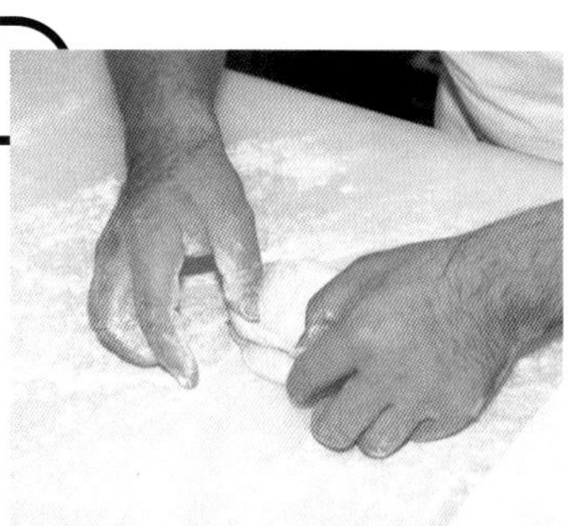

## 19

將麵團放在撒了粉的帆布上，此時收口面朝上，以便在發酵過程中讓麵團自然橫向擴展。

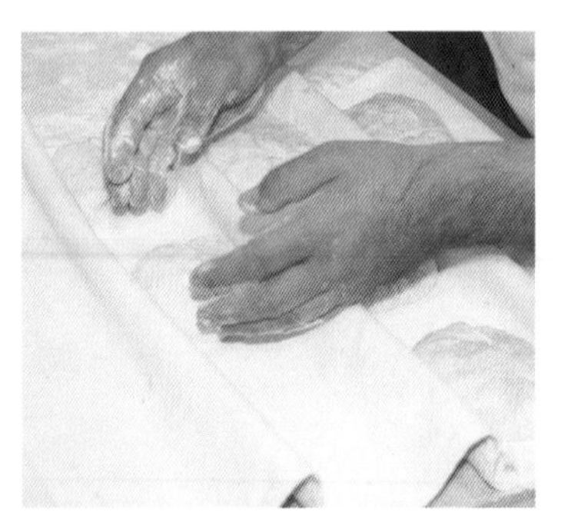

## 最後發酵

## 20

最後發酵時間約30分鐘。取出的麵團會明顯橫向擴展。

## 烘烤

## 21

撒上手粉，將麵團放置在滑送帶上，此時收口面朝下。

## 22

撒上手粉後劃切割紋。根據麵團狀態，有時會劃切割紋，有時則不需要。當麵團較為結實時，才會劃切割紋。

## 23

將麵團送入烤箱。烘烤溫度為上火250℃、下火230℃，並且注入大量蒸氣。

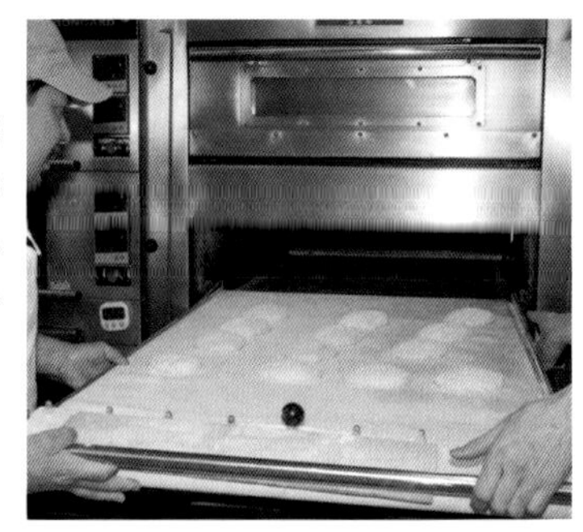

## 24

烘烤12～13分鐘。由於米麴的效果，烘烤顏色非常好，表皮薄且口感輕盈，內部濕潤，散發著香氣和甜味，最終完成美味的米麴Pain Complet全麥麵包。

# Terroir風土麵包

## BOULANGERIE NUKUMUKU

Owner chef 与儀高志

這款以100%使用當季國產小麥粉製作的裸麥麵包，照片中的版本選用了長野縣なつみ農園的小麥與北海道十勝小麥。其外皮酥脆、香氣撲鼻，內部則帶有彈性，口感柔軟。不含裸麥常見的強烈酸味，適合各個年齡層享用。價格為300円（未稅）。

# 85%的加水率，著重於隨時展現小麥香氣的裸麥麵包

## 特點在於依時節變換使用的小麥粉，讓消費者能夠享受不同風味的變化

「Terroir風土」原本是用來描述葡萄酒風味的專業詞彙，指的是葡萄種植地的自然環境（地理條件、土壤、氣候等）對其風味的影響。『NUKUMUKU』將這個概念延伸到麵包的製作，從而以此命名。

店主与儀高志表示：「這款高含水的裸麥麵包，是我在訪問農場時所採購的小麥，或偶然找到的小麥製作而成。基本配方固定為50%的裸麥，並且搭配當時可取得的小麥。就像當地生產、就近消售的食品一樣，我希望這款麵包能讓消費者看見材料的來源與製作者的用心。」

与儀主廚深受國產小麥的吸引，定期造訪北海道等地，積極引入新小麥。

「其實從2006年開業開始，我們就一直在製作裸麥麵包，甚至會烤一些含裸麥70%或100%的獨特麵包。然而，坦白說，這些麵包並不總是很受歡迎。到了2016年搬遷重新開業的時候，我們仍然將裸麥麵包納入店內產品的考量範圍內，不過這次是選擇了口味更溫和、更容易讓人親近的裸麥麵包。此外，我也想製作一種能夠傳遞農家情感以及我自己理念的麵包。對消費者來說，帶著故事背景的麵包能給人一種安心感，也能讓人更有興趣品嚐。」

「通常來說，店裡販售的麵包都會力求保持穩定的風味，讓顧客無論何時品嚐都能感受到相同的味道。然而，這款「Terroir風土麵包」則採用不同的小麥，風味會隨之改變，這點正是它的賣點。」

「當然，我們會將Terroir風土麵包的基礎風味保持在一定的範圍內，使其形成獨特的個性，但隨著小麥的不同，麵包的風味和香氣也會有所變化。我們會在店內的POP展示中傳達這些變化，讓顧客享受這份多樣性。對製作者來說，這是一款即便使用不同種類的小麥也能美味動人的麵包，並且在製作過程中充滿樂趣。」

## 全部製作過程約為2個半小時。高效率也是它的一大特色

採訪時「Terroir風土麵包」的配方，裸麥比例為50%，其中包含30%來自北海道十勝的「春香はるきらり」小麥，和20%來自長野縣なつみ農園的「北之香キタノカオリ」。

与儀主廚解釋：「我希望『Terroir風土麵包』是一款以香氣取勝的麵包。這次我使用的是『春香はるきらり』和『北之香キタノカオリ』的混合。『春香』是『春よ恋』的後繼品種，是一種高筋麵粉，風味清淡且帶有柔和的香氣，適合做成濕潤的麵包。『北之香』則具有強烈的香甜味，吸水性也非常好。將這2者結合，便能製作出香氣誘人的麵包。」

## Process flow chart

|  |  |
|---|---|
| 攪拌 | 以1速攪拌2～3分鐘，中途加入老麵。老麵混合均勻後，將麵團靜置20～30分鐘，再以1速輕輕攪拌，使麵團融合，然後取出。 |
| 分割滾圓整形 | 1個麵團250g。 |
| 發酵 | 溫度32℃、濕度93%的發酵箱進行發酵。發酵40分鐘後撒上手粉，然後再繼續發酵30分鐘。 |
| 烘烤 | 麵團劃切割紋，以上火265℃、下火250℃，注入蒸氣烤10分鐘，接著將溫度調整至上火270℃、下火240℃，再烘烤10分鐘。 |

「Terroir風土麵包」的另一個特點是其高效的製作流程。麵團在攪拌後，不需要長時間的靜置或發酵，直接分割、整形後進入發酵箱。經過70分鐘的發酵後，便可以入爐烘烤。整個過程從開始攪拌到烘烤完成只需約2個半小時。

与儀主廚補充說：「雖然長時間發酵能從麵團中的蛋白質和澱粉中獲取更多的甜味，但我更想強調的是『Terroir風土麵包』的香氣，所以縮短了發酵時間，並專注於小麥本身的風味。我們使用了老麵來補充麵團的熟成風味，這樣既保留了小麥的香氣，又能帶出麵團的深層美味。」

### 製作過程中強調避免給麵團過多壓力，這樣可以保持香氣

与儀主廚分享，製作香氣豐富麵包的關鍵之一是不過度攪拌。攪拌過程中，使用1速攪拌2～3分鐘，然後加入老麵，直到完全混合。攪拌時的含水量達85%，加上糖蜜（molasses液體）來強調裸麥的香氣，總含水量超過85%。

攪拌完成後，讓麵團靜置20～30分鐘，再開始分割。高含水的麵團在靜置時水合作用更快，取出麵團後立即進行分割和整形。在整形過程中，麵團的黏性會逐漸減少。与儀主廚說：「在分割和成形時，要注意避免施加過多壓力或扭曲麵團，這是製作香氣豐富麵包的第二個關鍵。」分割好的麵團輕輕壓平並翻面，捏住兩端進行三折，然後再對折並輕輕滾圓，即完成整形。整形後直接放在布上進行發酵。

發酵時間為70分鐘，在40分鐘時取出麵團並撒粉。由於麵團水分含量高，發酵前撒的粉會因水分滲透而消失，因此此階段再撒一次粉，以便在烘烤後形成圖案。另外，也可以檢查麵團狀態，若發酵過快，可放入冷藏調整發酵速度。

烘烤過程中，先將麵包以上火265℃、下火250℃的溫度烘烤10分鐘，接著調整溫度至上火270℃、下火240℃再烘烤10分鐘。這款低酸度、風味柔和的裸麥麵包適合各年齡層的消費者。

**配方**

|  |  |
| --- | --- |
| 裸麥粉（粗磨） | 25% |
| 裸麥粉（細磨） | 25% |
| 春香 はるきらり | 30% |
| 北之香 キタノカオリ | 20% |
| 即溶乾酵母 | 0.4% |
| 糖蜜（molasses） | 5.5% |
| 鹽 | 2% |
| 純水 | 85% |
| 老麵（Panini帕尼尼麵團） | 25% |

## 攪拌

**1**

將混合的麵粉倒入攪拌缸。固定使用50%粗、細研磨的裸麥粉，剩下的則根據當時選用的小麥粉，藉此引出小麥的個性。

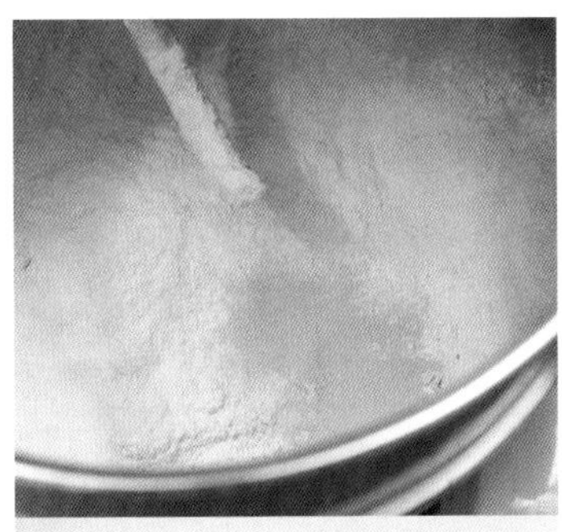

**2**

在小麥粉中加入即溶乾酵母。為了突顯小麥的香氣，酵母的使用量僅為0.4%，以減少酵母的氣味。

**3**

接著加入鹽，輕輕攪拌後，倒入糖蜜。糖蜜是製糖過程中的副產物，富含礦物質，與裸麥搭配使用，會增添豐富的口感，但糖分並不像砂糖那麼高。

**4**

一次倒入水。使用經過濾水器過濾的純水，以減少雜質。加水率為85%。加水後開始以1速攪拌。

**5**

攪拌到無乾粉後，加入老麵。店裡使用的是製作帕尼尼Panini麵包的麵團作為老麵。

**6**

繼續攪拌，等到老麵澈底混合後停止攪拌。整個攪拌時間大約2～3分鐘。

## 7

停止攪拌後，靜置麵團20～30分鐘。這段時間內，麵團的水合會進一步增加。

## 8

靜置結束後，將麵團放在工作檯前，再用1速輕輕攪拌一次，使麵團更加均勻。

## 9

取出麵團，這時麵團黏稠且難以操作。撒上手粉，準備進行分割。

### 分割

## 10

撒上手粉（使用夢之力小麥粉）分割。每個大麵團250g，小麵團60g。過程需迅速進行，使用電子秤精確測量。

### 滾圓

## 11

分割到一定數量後，開始滾圓。要注意不要給麵團過大的壓力，輕柔地將其滾圓。接著立即進行整形操作。

### 整形

## 12

整形需快速完成。將滾圓好的麵團輕輕壓扁，然後將其翻面，捏住兩端進行三折，接著再對折並搓揉成長條狀。在整形過程中，柔軟的麵團會逐漸變得易於操作。

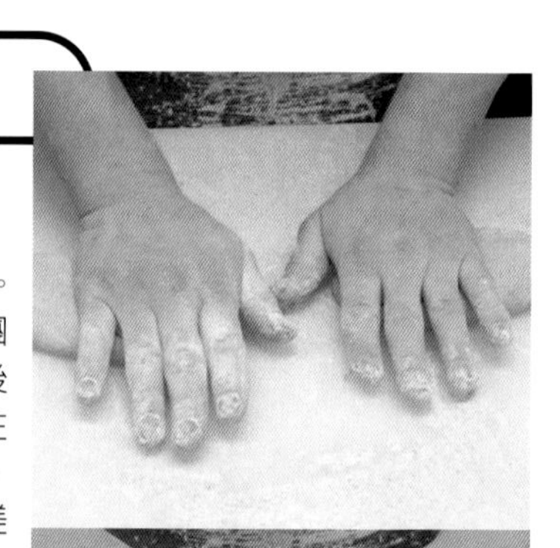

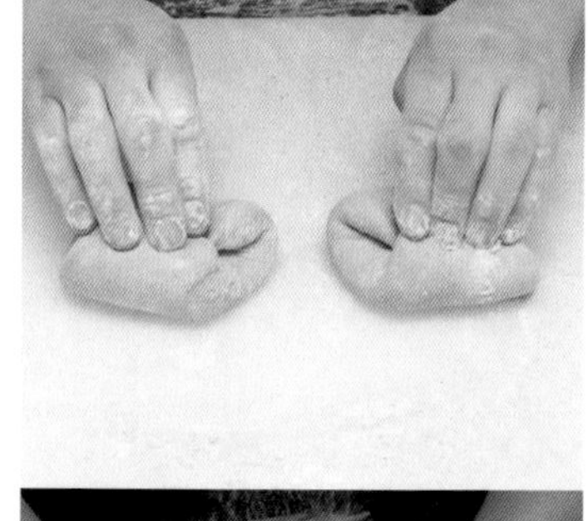

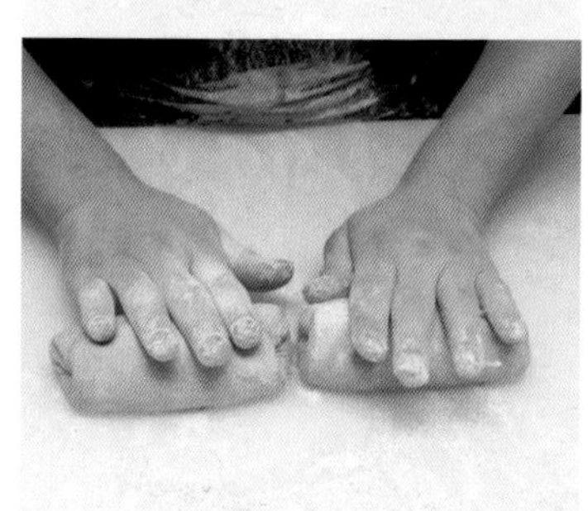

## 發酵

**13**

整形完成後，將麵團放在撒有手粉的帆布上，上面再撒一層粉，然後放入溫度32℃、濕度93%的發酵箱內發酵70分鐘。

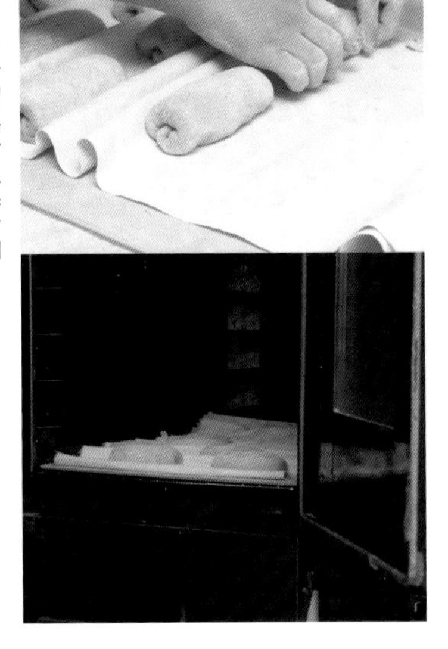

**14**

麵團表面的粉會被吸收而消失，40分鐘時需將麵團取出，使用篩網再篩一層粉，接著繼續發酵30分鐘。此階段檢查麵團狀態，若發酵較快，則移至冰箱調整。

## 烘烤

**15**

發酵結束後，將麵團移至滑送帶上。這時的麵團應該可以用手拿取。

**16**

在麵團表面劃切割紋，從一端到另一端劃一條，深度稍微深一些。

**17**

將麵團送入烤箱，先注入蒸氣，以上火265℃、下火250℃的溫度烘烤10分鐘。接著調整為上火270℃、下火240℃，再烘烤10分鐘。整個烘烤時間約為20分鐘。

# Alvéole 蜂巢麵包

## MAISON MURATA

代表 村田圭吾

在巴黎學習與工作的「Maison Landemaine」所製作的招牌硬式麵包。麵包的外皮烘烤得非常酥脆，但卻很容易咀嚼，並散發出濃郁的烘烤香氣。內裡帶有適度的酸味，且口感十分Q彈，切開時能看到大的裂口也是這款麵包的特色。1.2円／g（含稅）

## 超過100%的加水率。利用發酵種烘焙出按重量計價的麵包

### 透過多種方式推廣硬式餐食麵包

即使店鋪位於人流稀少的商店街，村田圭吾主廚的店內卻總是擠滿了顧客。身為店主的村田主廚曾在巴黎人氣麵包店學習與工作，最推薦的就是巴黎風味的硬式餐食麵包。儘管這類麵包尚未普及，但因應市場需求，他也提供了鹹味麵包和硬式的甜點（菓子）麵包，成功吸引了顧客，並迅速在麵包愛好者中打開知名度，逐漸讓硬式麵包成為受歡迎的產品之一。

Alvéole 蜂巢麵包是在修業時期學習的高含水量硬式麵包，使用自家製的硬種「Levain dur」，為麵包帶來適度的酸味。透過增加水分含量，讓麵包內裡更為濕潤Q彈，同時烤出香脆的外皮，形成了完美的對比。

村田主廚推薦：「輕輕烤過後塗上奶油，特別適合搭配料理，尤其是與鮭魚搭配效果絕佳。」

為了強調餐食麵包的美味，搭配合適的菜餚非常重要。村田主廚不僅開始了麵包的批發業務，還親自前往餐廳推銷麵包，並在餐飲業者的葡萄酒試飲會上提供Alvéole 蜂巢麵包試吃，成功與多家餐廳簽訂了合約。

村田主廚表示：「不僅僅是製作自己認為美味的麵包，我還致力於創造一個讓顧客能夠以更好的方式享用麵包的環境。」

### 關鍵不在於材料，<br>而在於引出麵粉潛力的技術

村田主廚是一位熱衷研究發酵原理的麵包師。他強調的不是材料，而是如何溶解麵團中的蛋白質（麵筋）以及如何判斷發酵的狀態。

「即使是相同的麵粉，改變製作方法和發酵方式，味道也會有所不同。只要瞭解背後的原理，無論什麼麵粉都可以做出美味的麵包。」

Alvéole 蜂巢麵包使用的是日本製粉（Nippn）的法國麵包用粉「Genie ジェニー」，這是村田主廚在教學時期開始使用的麵粉，當時少量使用的這款麵粉，經過不斷的測試研究，最終取得令人滿意的結果，因此一直沿用至今。

### Process flow chart

| | |
|---|---|
| 準備 | 發酵種（levain dur硬種）續種 |
| 自我分解 | 2速攪拌1～2分鐘。自我分解（Autolyse）60分鐘。 |
| 攪拌 | 1速攪拌2分鐘、2速攪拌4分鐘、3速攪拌1分鐘。之後，以2速分5～10次進行Bassinage（後加水）。最後以4速將麵團攪拌收攏。攪拌完成的麵團溫度為26～27℃。 |
| 一次發酵 | 34℃的發酵箱中發酵70分鐘。取出後進行第一次折疊排氣，室溫下靜置30分鐘後，進行第二次折疊排氣。 |
| 二次發酵 | 34℃的發酵箱中再次發酵60～90分鐘。 |
| 冷藏保存 | 放入0～8℃的冷藏庫中冷藏17小時。 |
| 分割·整形 | 用目測方式迅速分切麵團。 |
| 烘烤 | 上火260℃、下火250℃，關閉排氣閥烘烤10分鐘，保持相同溫度並打開排氣閥繼續烘烤20分鐘。最後將上火和下火各降低10℃，烘烤10～15分鐘。 |

水則使用自來水。儘管未來計劃安裝淨水器，但他認為需要關注的是自來水中殘留的氯，因為氯會殺死有益菌，因此他認為只需淨化製作麵包所用的水即可。鹽則使用普通的鹽。

村田主廚的願望是：「希望大家能將硬式麵包作為日常食物。材料成本過高會使得麵包價格不親民，這與我想要達到的目標相悖。」

村田主廚使用的發酵種包括「Levain dur硬種」和「Levain liquide液種」。他解釋發酵過程如下。

「當加入麵粉和水後，氣泡開始形成，這是乳酸發酵的開始。隨著乳酸發酵進行，二氧化碳和酒精氣體產生，隨後是醋酸發酵。隨著時間的推移，醋酸會使麵團變酸，因此如何掌控發酵的時間將決定麵包的風味。」

### 注重一切的平衡，<br>相信感覺勝過規則來製作

村田主廚所製作的發酵種（levain dur硬種），基本比例是原種1：溫水2：麵粉4。這只是個大致的標準，並不是必須固定的比例。

「想減少酸味的時候，就會減少原種的量。但這樣會延長發酵時間。發酵越久，酸味就越強，所以這部分需要自己多次嘗試，找出適合自己的平衡點。」

在自我分解（Autolyse）階段混合麵粉和水後，接下來的1小時裡，將鹽、酵母和發酵種（levain dur硬種）置於麵團上，讓它們自然吸收水分，這也是一種獨特的方式。這樣的細微操作，也會對發酵效果產生影響。

主麵團攪拌階段的重點在於，不依賴攪拌機的速度和時間，而是透過觸摸來感受麵團的狀態，確認是否已經充分產生了麵筋。最初攪拌時會較為堅硬，然後再以後加水（Bassinage）逐步增加水量。

「如果一開始加太多水，麵團之間的摩擦會減少，麵筋就難以形成。太硬的話又無法很好地與水混合，所以必須仔細掌握適當的硬度。」

由於這款麵包的含水量超過100%，麵團非常柔軟，整形過程極其困難。若分割速度太慢，最初整形的麵團和最後整形的麵團之間會出現差異，因此需用目測快速分切麵團。

「大小的感覺也很重要，即使在相同的溫度下，大小不同，烘烤時的效果也會不同。為了達到理想的口感，我判斷這樣的尺寸最為合適，所以採用按重量銷售的方式。即便是相同的材料和步驟，氣溫和濕度的變化都會影響麵團狀態，因此我認為製作過程沒有正確或錯誤，只能依靠自己的感覺去製作。」

**配方**

| Levain dur硬種 | |
|---|---|
| **原種**（前次續養的levain dur硬種） | 1 |
| **小麥粉**（Genie 80%、全麥粉20%） | 4 |
| **水** | 2 |

| 主麵團 | |
|---|---|
| Genie | 91% |
| 全麥粉 | 9% |
| 酵母 | 0.004% |
| levain dur硬種 | 50% |
| 水 | 80% |
| 水（後加水Bassinage用） | 24% |
| 鹽 | 2.4% |

## 準備

原種使用的是自家製發酵種的Levain dur（硬種）進行續種。為了讓酸味適中，使用了法國麵包用粉Genie，並加入20%的全麥粉進行混合。

將原種、Genie、全麥粉和溫水放入攪拌缸中，開始混合，並在過程中逐漸加入水，以1～2速攪拌約5分鐘，直到表面有光澤為止。麵團的溫度應保持在32℃。置於室溫約30分鐘後，放入冰箱保存。

## 自我分解

**1**

將Genie、全麥粉和水加入攪拌缸中，以2速攪拌1～2分鐘，直到粉類完全吸收水分。

**2**

當粉類均勻混合後，停止攪拌，將麵團取出。麵團的溫度應保持在14℃。

**3**

將麵團放在鋼盆中，在上面依次放置鹽、酵母和硬種，彼此不要接觸，靜置60分鐘。

## 主麵團攪拌

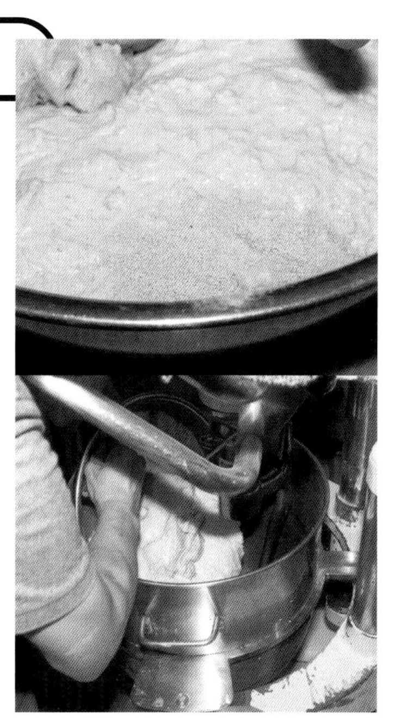

**4**

經過60分鐘靜置，讓酵母和硬種吸收一些水分，為素材提供舒適的環境。將所有材料放入攪拌缸中，先以1速攪拌2分鐘，防止材料飛散，然後以2速攪拌4分鐘。

**5**

最後以3速攪拌1分鐘，攪拌時間與速度僅供參考，需觸摸確認麵團的彈性、黏度和麵筋形成的狀況。此時麵團的溫度應保持在26～27℃。

## Bassinage

**6**

當麵團形成後，開始進行後加水。以2速攪拌，分5～10次逐步加入水。最後以4速攪拌，使麵團均勻混合。確認麵團能否順利與水混合，如果混合不完全，可降低至3速繼續攪拌。

**7**

完成後的麵團光滑有光澤，水分含量高，麵筋已形成，呈現滑潤的狀態。

## 一次發酵

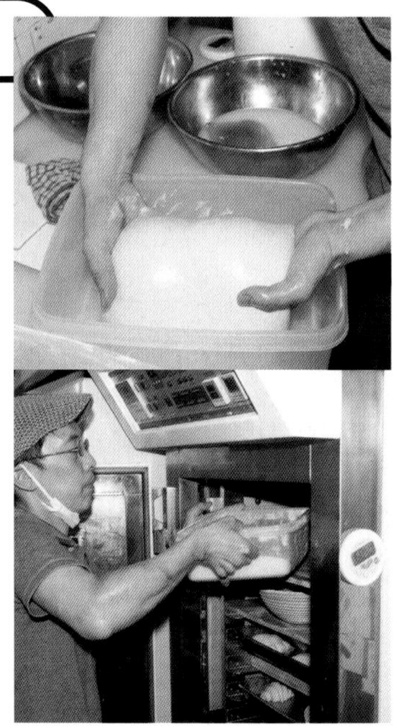

**8**

將約5公斤的麵團放入22cm寬、7cm高的容器中，調整麵團形狀。若想讓麵團變硬，使用底面積小的容器；若想讓麵團變軟，則使用底面積大的容器。放入34℃的發酵箱中靜置70分鐘。

**9**

70分鐘後，檢查麵團狀態，查看麵團內的氣泡是否過大或過小。氣泡過大會使麵團孔隙粗糙，氣泡過小則會使麵團過於緊實。檢查後，進行第一次折疊排氣，重複2～3次。

**10**

之後將麵團放置於室溫下靜置30分鐘，確認麵團是否比第一次更有彈性，進行第二次折疊排氣。

## 二次發酵

**11**

將容器蓋好，放入34℃的發酵箱，進行60～90分鐘的二次發酵。

## 12

檢查發酵狀態，當麵團達到容器的8成高度即可。

## 冷藏保存

## 13

為避免麵團乾燥，蓋上容器蓋子，放入0～8℃的冷藏庫，靜置17小時。

## 分割・整形

## 14

將適量的手粉撒在工作檯上，將冷藏後的麵團取出。由於已經冷藏，麵團不會過於流動。用切麵刀依目測快速分切，並迅速將每塊麵團整形成圓形。

## 15

由於麵團含水量高且柔軟，為避免麵團在烘烤前變形，將其放在帆布上靜置一段時間。

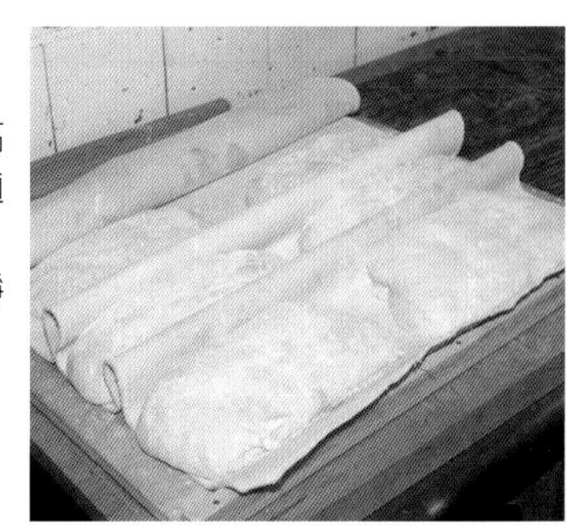

## 烘烤

## 16

將麵團放入上火260℃、下火250℃的烤箱中，關閉排氣閥，烘烤10分鐘。

## 17

之後打開排氣閥，保持相同溫度再烘烤20分鐘。最後將上火和下火各降低10℃，再烘烤10～15分鐘，根據烤箱內的麵團狀態調整溫度，麵包表面呈金黃色即完成。

食材放在切片的麵包上，可以當作開面三明治（Tartine）享用。這款麵包的內部氣泡密集，質地濕潤且富有彈性。外皮脆硬且有明顯的香氣。使用了熊本製粉的「モン・ブレ・ブーランジェ」小麥粉（法國產石磨粉）。成功調整了石磨粉特有的澀味，完成了優異而清新的酸味。800円，半個400円，1/4個200円（含稅）。

# Moulins 石磨麵包

## MAISON MURATA

代表 村田圭吾

# 透過酵母和發酵過程，創造出不同的高含水麵包

**和Alvéole 蜂巢麵包的差別在於，麵粉和發酵過程**

高含水的硬質麵包「Moulins 石磨麵包」，與『Maison Murata』在開店初期就開始製作的「Alvéole 蜂巢麵包」(92頁)相同。這2款麵包在法國各地都有人食用，而且村田主廚在巴黎學習與工作時期也曾製作。兩者使用相同的發酵種「Levain dur(硬種)」，但「Alvéole 蜂巢麵包」使用全麥粉，而「Moulins 石磨麵包」則使用法國產的石磨小麥粉，因此風味有所不同。

「法國產的石磨小麥粉來自熊本製粉。因為有主廚朋友推薦，實際試作後覺得很好吃，所以一直使用這款麵粉。使用石磨粉製作發酵種的麵包時，有時會出現尖銳的酸味，但這款粉能產生深沉而優雅的酸度。它不含石磨粉特有的苦味，反而能增添風味和濃郁感。」

此外，「Alvéole 蜂巢麵包」以風味為首要考量，氣泡較大，適合輕微烤焙後塗抹奶油或果醬食用。而「Moulins 石磨麵包」則設計為可以放上配料，作為開面三明治享用，因此內部結構較為緊實。

村田主廚選擇的製作方法是控制發酵的時機。「Moulins 石磨麵包」在整形後進行低溫長時間發酵。

「將發酵至最後階段的麵團放入冰箱，可以使發酵進程在一定程度上停止，之後發酵力會逐漸下降，使麵團的硬度和內部的氣泡平衡得到調整。這樣能使麵團更緊實，製作出無不良酸味的麵包。」

使用發酵種製作麵包的方法，麵包在烘焙後，隨著時間經過酸味會增加。「Moulins 石磨麵包」新鮮出爐時，麵包會散發出香氣，第二天以後則會有些許酸味。

## Process flow chart

|  |  |
|---|---|
| 自我分解 | 材料混合至均勻後，使用1速攪拌。將主麵團的材料加入，靜置1小時進行水合。 |
| 攪拌 | 用1速攪拌5分鐘，再用2速攪拌15秒。若已形成麵筋，則進行Bassinage(後加水)。 |
| 一次發酵 | 攪拌完成麵團的溫度為26.7℃。放入34℃的發酵箱中。70分鐘後進行第一次折疊排氣，接著再過30分鐘進行第二次折疊排氣，在常溫下靜置30分鐘。 |
| 分割 | 將麵團折疊至較厚的狀態，靜置5分鐘。確認麵團的張力已經鬆弛後，使用切麵刀將麵團分割成每塊800g。 |
| 整形 | 迅速將麵團揉圓，以免麵團受損，每塊麵團放入包有帆布的篩網(代替籐籃Banneton)。 |
| 發酵 | 在34℃的發酵箱中發酵2小時。 |
| 低溫長時間熟成 | 確認麵團膨脹至9分滿後，放入冰箱中冷藏15～18小時(若中間碰到公休日則需40～48小時)。 |
| 烘烤 | 從發酵籃中取出麵團，劃切割紋，放入下火240℃、上火260℃的烤箱中烘烤30～40分鐘。途中打開排氣閥，將上火調整至250℃，下火調整至240℃。 |

「為了確保麵包穩定地保持美味，高含水的做法非常好。然而，經過比較後可以發現第一天和第二天的差異。為了減少這種差異，除了高含水外，我們還會區分使用不同的酵母。」

## 準備麵團時依情況使用不同種類的酵母

發酵的主要成分是自製的「Levain dur（硬種）」，但也會使用少量的酵母。為了保持穩定的風味，會根據正常營業和公休日的不同，使用不同的酵母。

正常營業時，「Moulins 石磨麵包」會進行15小時的低溫長時間發酵。使用的酵母是未添加維他命C的「藍色Saf」。而在公休日前，為了達到15小時加1天的發酵，則使用耐凍性強的FD-1（Oriental Yeast Co., Ltd.）。這款酵母常用於製作可頌等，能達到最理想的效果。

「麵包的味道由乳酸發酵、醋酸發酵和酪酸發酵決定。控制這些發酵過程可以控制味道。維他命C主要用於防止氧化，因此使用含維他命C的酵母會抑制醋酸發酵，使發酵酸味較淡。因此，在正常營業時我們選擇了不含維他命C的「藍色Saf。

除了使用不同的酵母來控制酸味，還可以使用年輕的Levain dur（硬種）或減少發酵種的量來調節，但從工作效率來看，使用不同酵母的方法最有效。

「發酵種不足的部分並不是靠酵母補充，而是要讓酵母發揮120%的力量，發酵種才能勝任這個角色。我會準備適合酵母菌呼吸的環境，包括適當的溫度和pH值的Levain dur（硬種）。」

## 麵團的硬度和pH值的平衡非常重要

研究心強且知識豐富的村田主廚所製作的麵包，每道工序都有其獨特的規則。進行一次發酵後，分割麵團時會將麵團折疊排氣一次，再稍微緊實後靜置5分鐘。

「高含水的麵團含有大量水分，容易下垂分散。透過折疊排氣讓麵團變厚，可以讓後續的操作更容易。」

如果不進行這一步，整形時會發生加工硬化，使得麵團無法擴展，表面也無法光滑。整形時，為了盡量減少給麵團造成壓力，重量的調整控制在最小範圍內，保持麵團的張力，然後放入自製的發酵籃（Banneton）中。

使用發酵種製作高含水麵包的困難處，在於麵團能否在理想狀態下烘烤。

「調整麵團的酸性程度最為重要。如果酸度不夠，即使看似烤得很好，裂口（coupé）也會顯得疲軟、張力不足。如果能根據麵團的硬度調整pH值的平衡，無論是哪種麵團，都能烤出美味的麵包。」

**配方**

|  |  |
| --- | --- |
| **法國產石磨粉**（モン・ブレ・ブーランジェ） | **60%** |
| **Genie**（ジェニー） | **40%** |
| **水** | **75%** |
| **Levain dur**（硬種參考94頁） | **50%** |
| **酵母**（藍Saf）<br>（若發酵時間為15小時+1天，則使用FD-1 0.16%） | **0.08%** |
| **鹽** | **2.4%** |
| **水**（Bassinage用） | **17.5%** |

## 自我分解

**1**

小麥粉使用法國產石磨粉。

**2**

將**1**與16°C的水加入攪拌缸中，以1速進行攪拌。

**3**

確認麵團狀態，雖然仍有些許粉末殘留，但只要材料稍微融合便可取出。為避免香氣散失，此階段不要過度攪拌。將剩下的材料(後加水以外)放置於麵團上，靜置1小時進行自我分解。

**4**

如果是1日熟成(常規製作)的發酵，使用無添加維他命C的「藍Saf」低糖酵母；若是2日熟成，則使用具有冷凍耐性的「FD-1」酵母。

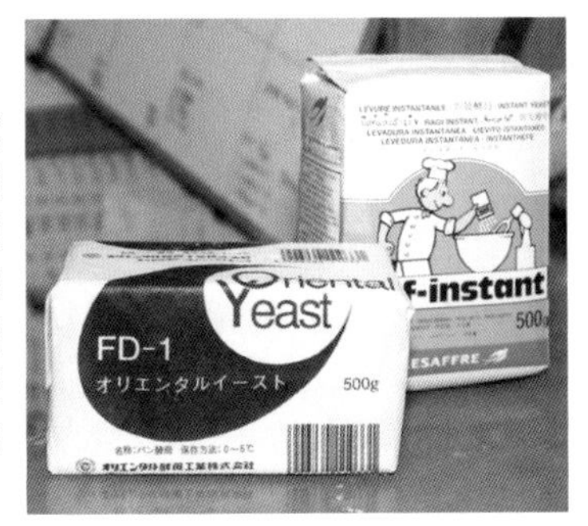


## 攪拌

**5**

將水合完成的3放回攪拌缸，以1速攪拌5分鐘。

**6**

確認麵團的延展性後，以2速攪拌15秒。

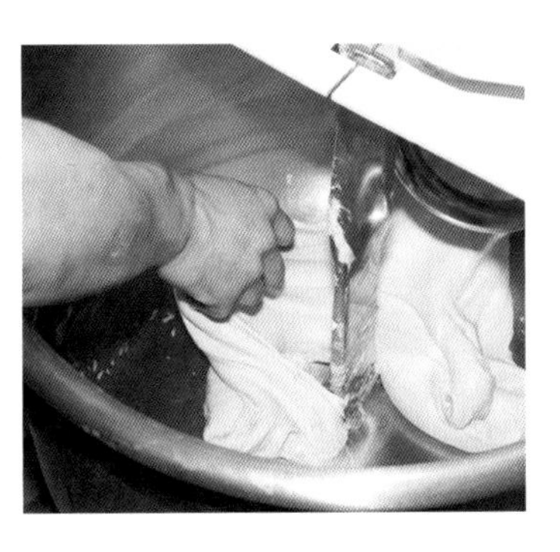

**7**

開始進行後加水。若麵團溫度過高則使用冷水，以1速進行攪拌。水分被吸收後，確認是否已生成穀蛋白(麵團在拉伸時不會破裂，並且能夠回彈)。由於同種小麥粉的不同批次可能具有不同的性質，這個步驟非常重要。

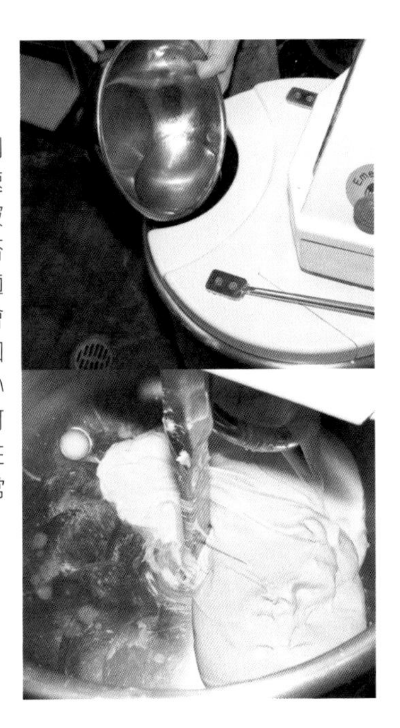

## 一次發酵

**8**

攪拌完成溫度為26.7℃。將麵團放入34℃的發酵箱，靜置70分鐘。照片上方顯示的是發酵前的麵團，下方則是發酵後的狀態。

**9**

第行一次進「折疊排氣」。此時麵團已在發酵箱中膨脹，將手指按入麵團確認發酵狀態。用刮板將麵團四周鏟起並折疊，以完成折疊排氣步驟。

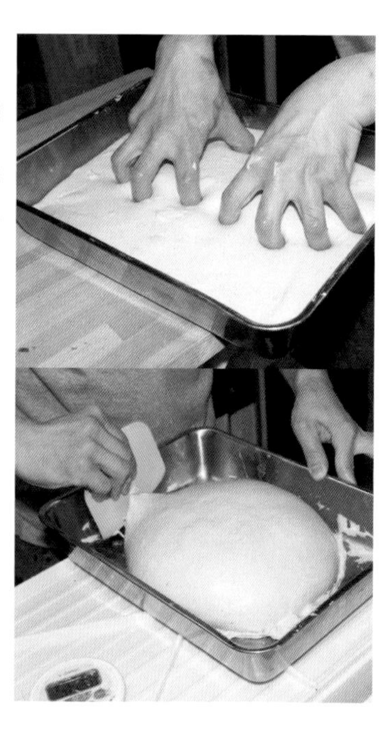

**10**

再次將麵團放回34℃的發酵箱中，靜置30分鐘。照片是靜置30分鐘後的麵團狀態。

**11**

進行第二次折疊排氣。此時麵團相較於第一次已更加緊實。如第一次，將麵團四周鏟起並折疊，在室溫下靜置30分鐘。

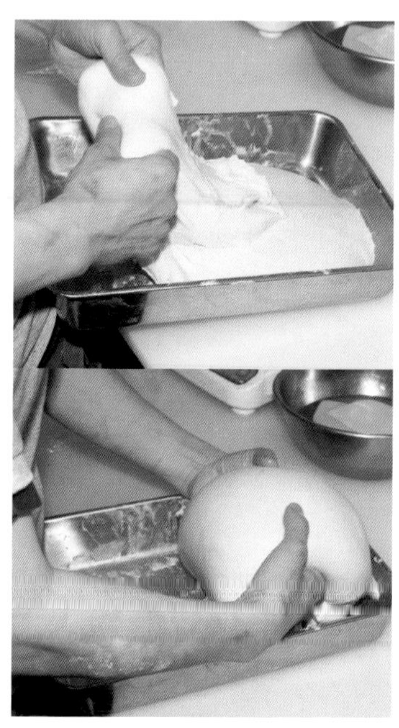

## 分割

**12**

首先將麵團的邊緣向內折疊，使其保持較厚的狀態，然後靜置5分鐘。

**13**

當加工硬化鬆弛，並且確認麵團的張力已經消失後，使用切麵刀快速將麵團分割成每塊800g。

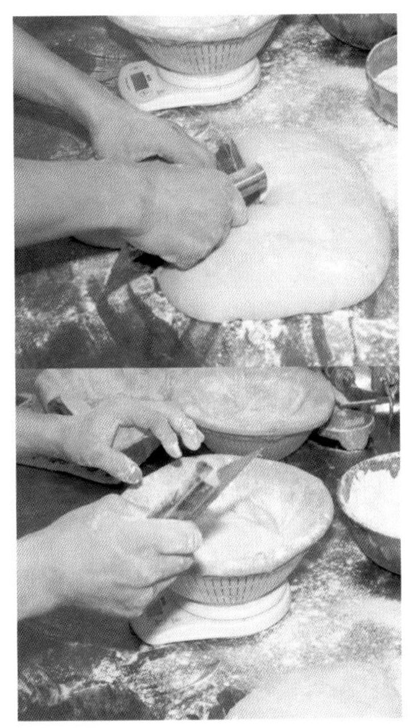

## 整形・發酵

**14**

迅速將麵團揉成圓形，避免給麵團帶來壓力。每個麵團放入發酵籃（Banneton用帆巾包覆的細網篩）中，並在34℃的發酵箱中進行2小時發酵。

## 低溫長時間發酵

**15**

當麵團膨脹至9成滿，放入冰箱中，冷藏15～18小時（若遇到公休日則延長至40～48小時）。

## 烘焙

**16**

將麵團從發酵籃中倒扣出，表面劃切割紋。

**17**

以下火240℃、上火260℃的烤箱烘焙30～40分鐘。途中打開排氣閥，調整至上火250℃、下火240℃。

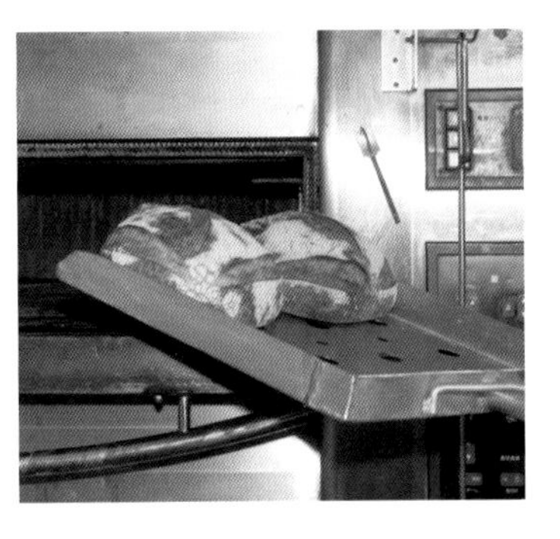

將使用的酵母量降到最低，讓小麥本身的甜味得以發揮，並且透過增加加水率來使麵團的內層具有濕潤Q彈的口感，外皮則酥脆且具存在感。這款長棍的風味輕盈、乾淨，讓人吃不膩，售價為280円（含稅）。

# Baguette Van長棍

## Boulangerie récolte

Owner chef 松尾裕生

# 極少量酵母搭配75%加水率，提升小麥風味的長棍麵包

## 75%和80%。
## 2種不同水分含量製作的長棍

在『Boulangerie Récolte』這家人氣麵包店中，長棍總是在剛出爐不久就售罄，因此有許多顧客會事先預約購買。除了全年販售的「r-Baguette」，店內還有2種的「Baguette Van」。

這款Baguette Van的製作方式獨具一格，高含水率也是一大特色。一款的加水率為75%，另一款則為80%，也就是說，這2種長棍麵團的差別，在於改變加水量。

「75%的加水量已經可以滿足我的要求了。理論上我們可以加入更多的水，但是如果水加得過多，麵團的Q彈感就會過強，影響長棍該有的口感。因此，我們在製作75%加水量的同時，還在測試80%的加水量，這就是為什麼我們製作了2款。」

這是店主兼主廚松尾裕生的解說。

## 增加加水量，同時極力減少酵母量來進行發酵

松尾主廚開始製作高含水長棍的初衷是為了更好地發揮小麥的風味，同時提升麵包的口感。事實上，烘焙好的Baguette Van外皮酥脆，內層則Q彈但不黏膩，後味輕盈清爽，讓人吃不膩。此外，雖然完全沒有加入糖類，但仍帶有淡淡的甜味。

「這是因為我們盡可能減少了酵母的使用量。」

松尾主廚表示，這款Baguette Van使用的酵母量僅為0.015%，非常少。

「酵母能將小麥中的糖分分解為二氧化碳和酒精，但透過極力減少酵母量，在烘焙過程中糖分不會被完全消耗，而保留在麵團中。因此，即使不添加糖類，麵包依然能保留甜味和鮮味，且烘焙時的上色也會比較快，顏色更深。此外，酵母味道幾乎消失，不會干擾小麥的香氣。」

攪拌過程採用的是直接法，並且使用Bassinage（後加水）技巧來增加加水量。使用的是經過過濾的軟水，先將95%的水倒入攪拌缸中（預留5%用於Bassinage），然後加入麥芽糖漿和半乾酵母等材料，最後才加入小麥粉。

「由於酵母的量非常少，後續加入時容易出現不均勻的情況。因此，我們先將小麥粉以外的所有材料溶解在水中，再加入小麥粉進行攪拌混合。」

## Process flow chart

| | |
|---|---|
| 攪拌 ▼ | 1速攪拌2分鐘，防止乾燥並靜置20分鐘，1速每隔2分鐘進行共3次的Bassinage後加水。 |
| 基本發酵 ▼ | 靜置30分鐘基本發酵後進行「折疊排氣」，再稍微靜置一下。 |
| 低溫長時間發酵 ▼ | 在16℃的發酵箱中進行23小時發酵。 |
| 分割・整形 ▼ | 分割成315g。分割後2～3分鐘內進行整形。在乾燥發酵箱中靜置約10分鐘。 |
| 烘烤 | 以上火260℃、下火240℃的烤箱（注入蒸氣）烘焙約25分鐘。 |

攪拌後，讓麵團靜置20分鐘，再進行Bassinage後加水。

營業期間，與其他工作同步進行，每隔2分鐘分次少量加入水，大約分3次完成後加水。

### 為了釋放熟成的鮮味，將麵團在16℃下發酵23小時

靜置時間為30分鐘。進行一次「折疊排氣」的動作，但由於高含水麵團黏性強，因此需在帆布上進行。隨後，將麵團稍微放置於常溫，接著移至16℃的發酵箱中發酵23小時，以促進酵素的作用。

「這款長棍在高含水處理後，需於16～20℃的環境下進行長時間發酵。透過長時間的熟成處理，小麥中的‘特殊氣味’會被分解，進而釋放濃郁的鮮味。‘特殊氣味’會隨小麥的個性越強越明顯，因此使用有特色的麵粉，經過長時間熟成，可以達到理想效果。這也是為何我們選用法國產的Merveille和石磨粉。若是溫度過高，發酵速度過快，無法釋放鮮味，小麥的“臭味”也會留下來。因此，這款麵包在夏季無法製作。

此外，為了提高麵團的加水率，需要麵團能夠充分吸收水分，因此必須使用能夠產生良好麵筋的高蛋白小麥粉。在這方面，我們會混合使用如Apollo（アポロ）等高筋麵粉，來達成良好的麵團製作。」

雖然溫度管理似乎可以借助冷藏來實現，但店裡其實很少使用冷藏設備，這也是一大特色。

「確實，冷藏發酵很方便且易於執行。但麵包從古至今都是與自然環境共存的食物。從這個角度來看，冷藏設備雖然便利，卻有些過於依賴。我個人對此不太認同，所以我們盡量不使用冷藏設備來進行作業。」

### 極力不讓氣體外洩，從分割到烘烤一氣呵成

熟成結束後，開始進行分割和整形。在此過程中，麵團被細心對待，盡可能保留內部氣體。分割後立即進行整形，整形時依靠麵團本身的重量自然黏合，保持緊實狀態。整個過程中幾乎不施加力道，以柔和的觸感操作，這是松尾主廚的技法。

「雖然我們使用酵母，但用量極少，加上麵團是高含水且非常柔軟。若氣體排出過多，麵團將無法很好地膨脹。」

整形完成後，不進行二次發酵，只需在自家製的木製乾燥發酵箱中靜置10分鐘。烘焙過程中，借助加熱後麵團內水分蒸發的力量來使麵團膨脹。

「這個方法從分割到烘烤一氣呵成，因此從低溫長時間發酵結束，到烘烤完成的時間不超過1小時。這讓我們能在一天的第一個工作時段，就為顧客提供香氣濃郁、口感輕盈的長棍，這也是一大優勢。」

**配方**

|  |  |
| --- | --- |
| Merveille（法國產麵粉） | 70% |
| 石磨粉 | 20% |
| Apollo（アポロ） | 10% |
| 麥芽糖漿 | 0.5% |
| 葛宏德海鹽 | 2% |
| 半乾酵母（semi-dry yeast） | 0.015% |
| 麵包用酵素 | 0.005% |
| 水 | 75% |

## 攪拌

**1**
使用經過濾水器處理過的軟水。將95%的水量倒入，因為使用的酵母量極少，所以先倒水以防攪拌不均。

**2**
加入鹽和麥芽糖漿。鹽使用的是法國產葛宏德海鹽。

**3**
加入半乾酵母。用量僅為0.015%，非常微量，通常2kg麵粉僅需圖片所示的這些量。隨後加入麵包用酵素。

**4**
輕輕攪拌，使水中的所有材料混合均勻後，加入事先混合好的3種麵粉，並以1速攪拌2分鐘。

**5**
攪拌停止後，確認麵團狀態，並休息20分鐘。20分鐘後，水合完成，麵團變得柔軟。

**6**
使用剩下的水進行Bassinage（後加水）。以1速攪拌，每2分鐘少量加水，分3次左右加完水。

**7**
完成後加水，麵團的加水率達到75%。麵團變得光滑且有彈性。

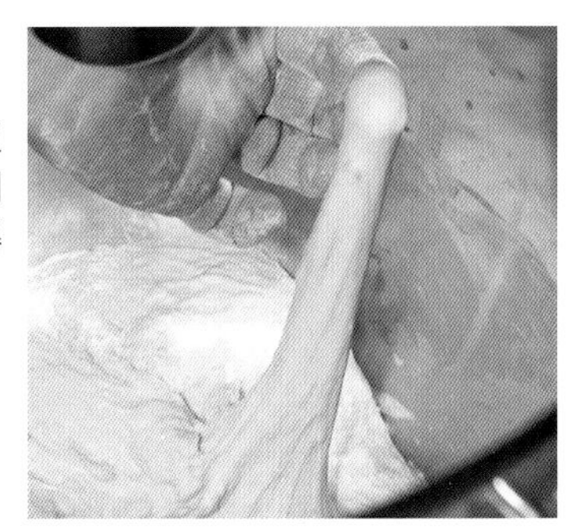

**8**
檢查麵筋的狀態，麵團可以延展開且不破裂，能形成薄膜，表示麵筋已經形成。

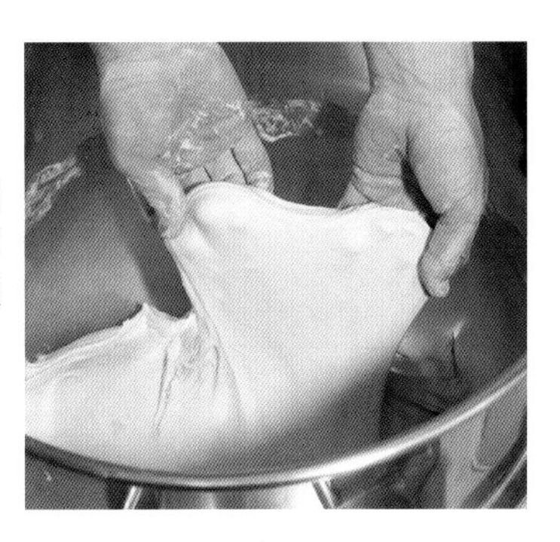

## 發酵

**9**
將麵團從攪拌機取出，放入麵包箱中靜置30分鐘。

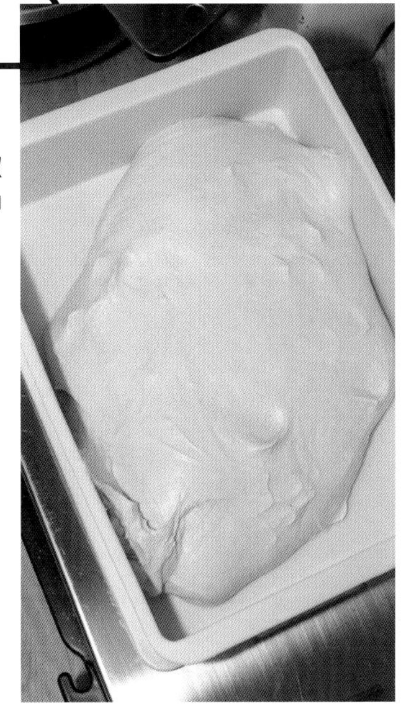

**10**

30分鐘後，麵團水合完成，變得更加柔軟。

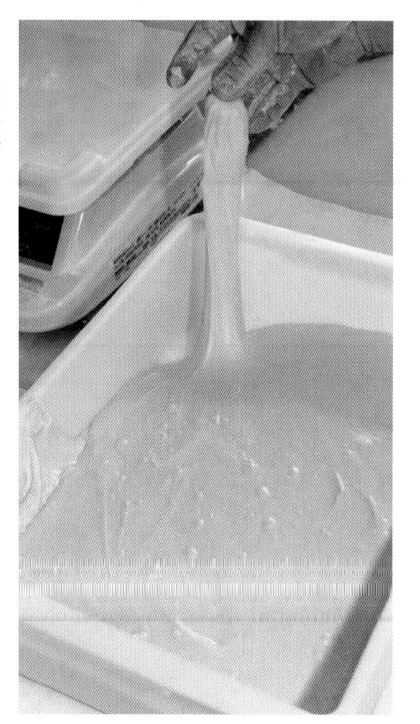

## 低溫長時間發酵

**13**

常溫靜置後，將麵團移至16℃的發酵箱中發酵23小時，讓酵素發揮作用。下圖為發酵完成的麵團。

**11**

進行一次「折疊排氣」，因為靜置後的麵團很黏，因此需要在帆布上進行。

## 分割·整形·靜置

**14**

發酵完成後，將麵團分割成每個315g。盡量一次量秤分割完成，避免多次操作。

**12**

輕輕撒上一點手粉，將麵團從左右和前後向內折疊，輕柔處理，避免麵團中的氣體過度流失。

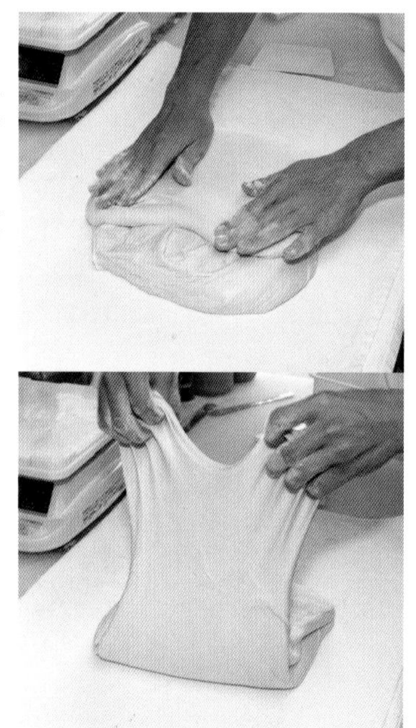

**15**

由於麵團很柔軟，因此在秤上直接整理形狀後，移至麵包箱中。分割時的形狀將決定最終成品的形狀，因此需要謹慎操作。

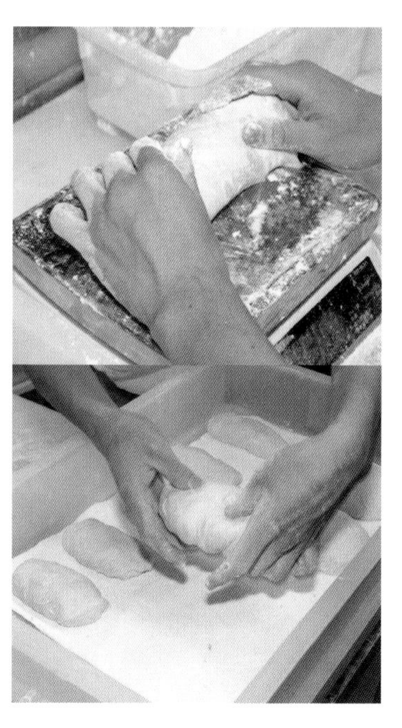

## 16

分割後，靜置2～3分鐘後進行整形。為了避免排出麵團內的氣體，輕輕壓平而不是拍打。在捲起時，盡量保持氣體不流失，先將前端邊緣的麵團折疊形成核心，最後依靠麵團的重力自然黏合，並保持緊實狀態進行整形。

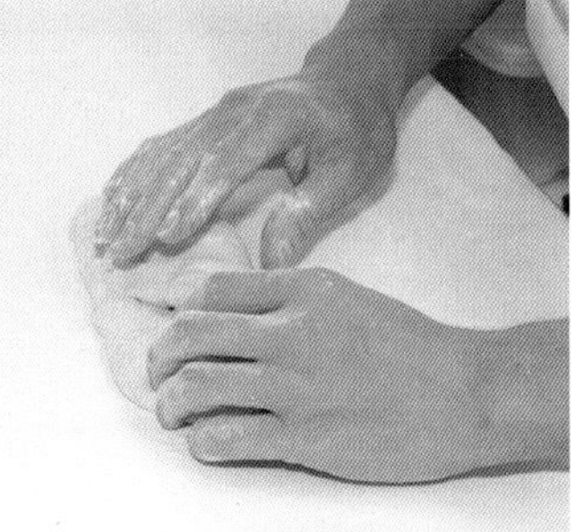

## 17

將麵團輕輕滾動，用雙手的動作將其捲成細長條形。操作時保持輕柔，避免排氣。

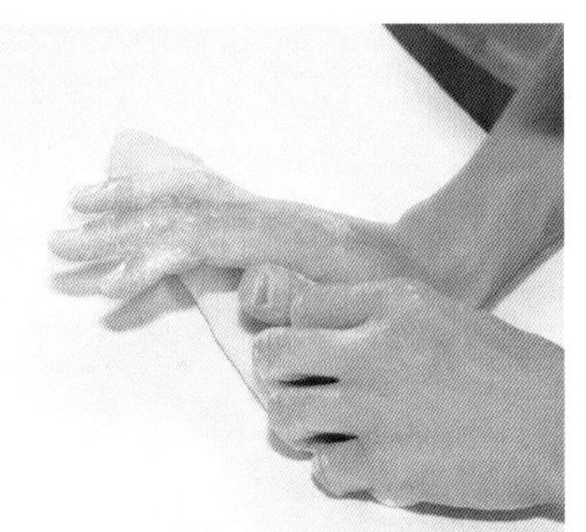

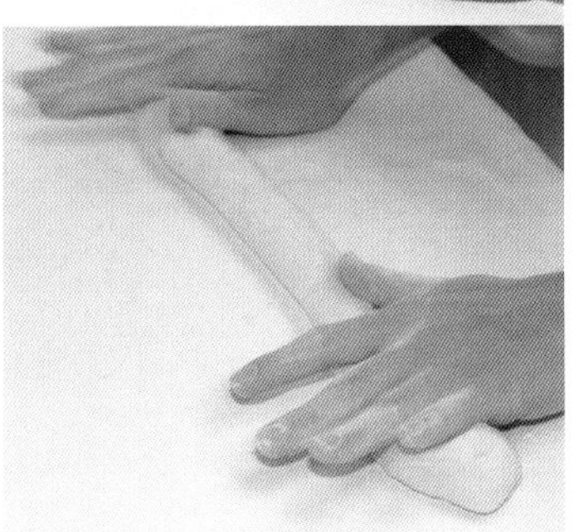

## 18

整形完成後，將麵團放置於帆布上，放入自製的乾燥發酵箱靜置約10分鐘。這種方式的特徵是不進行二次發酵。

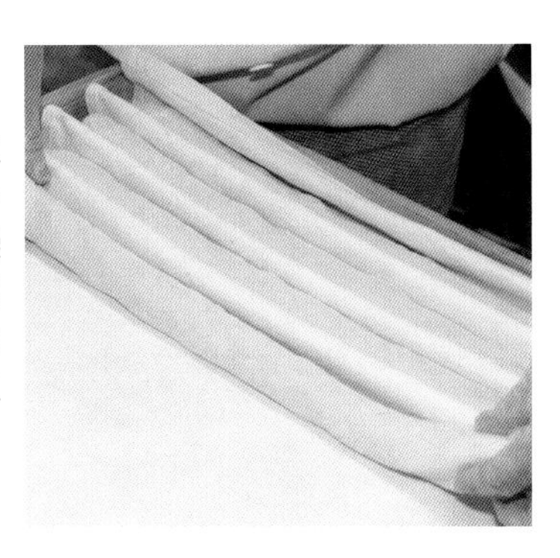

### 烘烤

## 19

從乾燥發酵箱中取出麵團，放在滑送帶上，撒上裸麥粉並劃切割紋。劃切時需深一些，而不是僅從表面劃開。

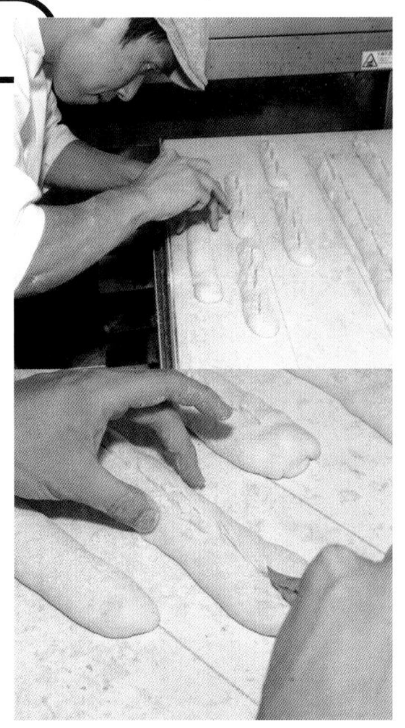

## 20

將麵團放入注入蒸氣的烤箱，上火260℃、下火240℃，烘烤25分鐘。在麵團膨脹期間，千萬不要打開烤箱，否則會迅速塌陷。當麵團膨脹結束且表面開始上色時，再放入下一批麵團。圖中右側為接近烘烤完成的麵團，左側為剛入爐的麵團。

## 21

由於麵團中保留了糖分，成品會呈現深色。此外，品嚐時還能感受到天然的甜味。

# Haruyutaka's Hard Toast
# 脆皮吐司

## Boulangerie récolte

Ower chef 松尾裕生

北海道產小麥粉「春豐 はるゆたか」的香氣和風味充分發揮，不使用砂糖、奶油等油脂，或牛奶等乳製品。雖然材料和反桐一樣簡單，但透過後加水和湯種，使其口感變得更加有彈性。建議以手撕開後再烤，可以感受到更像麻糬的口感。價格為600日圓（含稅）

# 100%的加水率，結合Polish液種和湯種，實現Q彈口感

位於兵庫・大開的「récolte」以其獨特的高含水麵包而聞名，其中最受歡迎的就是「Haruyutaka's Hard Toast脆皮吐司」。這款麵包使用100%的北海道產小麥「春豐 はるゆたか」，雖然外觀看起來像是吐司，實際上卻是一款硬式麵包。

「2014年左右，我聽說北海道的製粉公司可以穩定供應過去產量稀少的『春豐 はるゆたか』，因此開始使用這款小麥粉。它的香氣極佳，讓我久違地對一款麵粉感到震撼，便希望讓大家瞭解這款小麥的優點。」

這是店主兼主廚松尾裕生的心得。

為了讓大家認識「春豐 はるゆたか」的優點，松尾主廚選擇了做成吐司狀，而且他只使用麵粉、水、鹽和酵母，不添加任何油脂，經過多次試作最終完成了目前的配方。

### 結合湯種與Polish液種，追求理想的口感

雖然長時間發酵的硬式麵包被認為更美味，但松尾主廚認為這種說法主要適用於香氣濃烈的法國小麥。而對於北海道產的小麥，特別是「春豐 はるゆたか」，則因為麵粉本身的香氣已經很出色，因此發酵時間應該縮短，以充分展現小麥的特點。然而，不使用糖和油脂且發酵時間短的麵包，麵筋較弱，容易乾燥且老化快。為了解決這個問題，他採用了100%的加水率。「春豐 はるゆたか」即使在高含水的情況下，風味依然強勁。

松尾主廚的另一個創新是將Polish液種和湯種結合使用。

「湯種是用同等重量的熱水與麵粉混合，讓其中的澱粉變性以吸收水分，形成麻糬般的Q彈口感。

## Process flow chart

| | |
|---|---|
| 準備 | 前一天準備Polish液種。 |
| 攪拌 | 1速混合2分鐘，加入湯種2速6～8分鐘、3速混合4分鐘。保留10%水，以4速攪拌。 |
| Bassinage | 持續攪拌2分鐘加入剩餘的水。麵團溫度控制在22℃。 |
| 基本發酵 | 在25～27℃的發酵箱中發酵60分鐘，然後進行一次折疊排氣，再發酵60分鐘。 |
| 分割・滾圓 | 分割為每塊290g。 |
| 整形 | 用擀麵棍將麵團擀平，然後捲起成圓柱形。將3個麵團放入1個吐司模中。 |
| 發酵 | 以25℃進行2小時30分鐘的發酵。 |
| 烘烤 | 上火200℃、下火255℃的，烘烤20分鐘後，將麵包的位置前後對調，烤10分鐘後將溫度調整為上火190℃、下火240℃，再烘烤10分鐘。全程共40分鐘。 |

將湯種加入麵團後，整體加水率提高，麵團的口感也變得更加濕潤。」

然而，單用湯種會導致麵團膨脹不佳，於是他加入了Polish液種來解決這一問題。

「Polish液種使用了40%的『春豐はるゆたか』，與水按相同比例混合，並加入少量酵母，發酵4個小時以上。這樣可以讓酵素充分發揮作用，小麥粉更好地吸水，使麵團的延展性增加，同時也彌補了湯種帶來的不足，並強化了小麥的香氣和甜味。」

在追求麵團充分熟成的同時，也希望保留「春豐はるゆたか」的香氣。最終，他結合了Q彈的湯種、發酵力強的Polish液種，再搭配新鮮的「春豐はるゆたか」，完成了理想的風味。

外國產的小麥通常有蛋白質含量和灰分含量的規範，但由於「春豐はるゆたか」的生產農家有限，這些數值會因收穫年份的環境不同而略有差異，因此不需要過於在意這些數據。

「最優先的是味道。為了充分發揮優質素材的風味，應該根據需要微調製作方式。我長期自學，因此不太在意製作的固定規則。」

使用的鹽是沖繩の粟國の鹽，鹹味較少，但能讓鹽的風味容易在麵團中散發，並帶有一點甜味。水則使用過濾後的純水。

「我也嘗試過使用法國的鹽，但總覺得自己無法適應。同樣的，對水也有一段時間很著迷，曾經用硬水來做麵包，雖然味道不錯，但總覺得不太合適。不過，我對流行的氫水很感興趣，未來打算繼續研究水的不同效果。」

### 希望透過受歡迎的吐司，傳達硬式麵包的魅力。

除了傳播「春豐はるゆたか」的魅力外，松尾主廚也希望以吐司讓大家了解硬式麵包的美味。

「麵包師通常會有一種減法思維。很多人會被盡量用簡單材料製作的麵包所吸引，因此，會集中力量製作長棍之類的麵包。我認為這是因為麵包師希望以少量材料，展現出最純粹的風味。然而，在日本，吐司文化依然是主流，長棍通常會被認為是太硬的麵包。」

正因如此，松尾主廚製作了以硬式麵團為基礎的吐司，期望讓消費者透過熟悉的形式，逐漸理解硬式麵包的優點，最終能欣賞如長棍或鄉村麵包這類樸實單純的麵包。

「現今的超市或便利店裡，有許多已經很好吃的麵包。但如果我的麵包能成為大家的契機，讓人們知道用精選素材製作的麵包可以更加美味，就是我的榮幸。因此，我每天都在為製作更好的麵包而努力。」

**配方**

|  | |
|---|---|
| 春豐 はるゆたか | 30% |
| Polish液種（春豐 40%、水 40%、乾酵母 0.1%） | |
| 湯種（春豐 30%、熱水 30%、鹽 1%） | |
| 液種Levain liquid | 10% |
| 改良劑Fournée terroir | 0.1% |
| 鹽 | 1% |
| 乾酵母（Dry yeast） | 0.5% |
| 水 | 100% |

## 準備

準備Polish液種。前一天，將春豐小麥粉、水和乾酵母放入鋼盆中攪拌均勻，放置一晚。

## 攪拌

**1**

將Polish液種倒入攪拌缸，依次加入液種Levain liquid和春豐小麥粉。

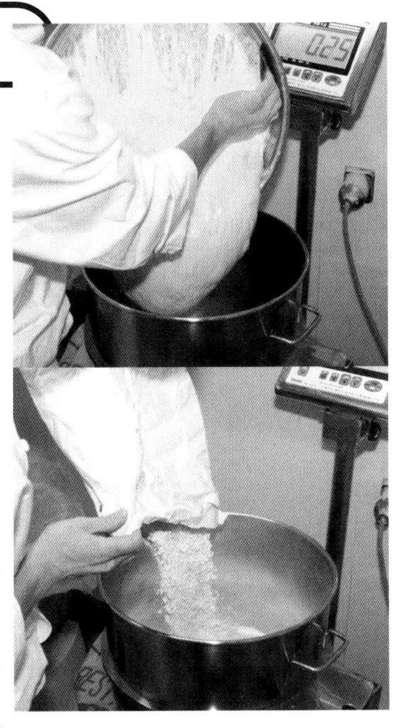

**2**

加入鹽、改良劑和乾酵母。粟國の鹽帶有些微甜味，鹹味較弱，能讓鹽的風味均勻分佈在麵團中。

**3**

以1速攪拌2分鐘，逐漸加入水。

**4**

加入湯種。湯種有助於增添麵團的Q彈感，但因其重量較大不易膨脹，與Polish液種搭配使用可兼具Q彈與蓬鬆。

**5**

加入湯種後，以2速攪拌6～8分鐘，再調至3速，繼續加入水並攪拌約4分鐘，至此加入了總水量的90%。

## 6

最後調至4速，分2分鐘逐步加入剩餘的水攪拌。

## 7

檢查麵團的狀態，當麵團的表面有光澤且形成良好的麵筋時即完成。由於麵團未添加糖或油脂，抗性較弱，需謹慎掌握攪拌的程度。

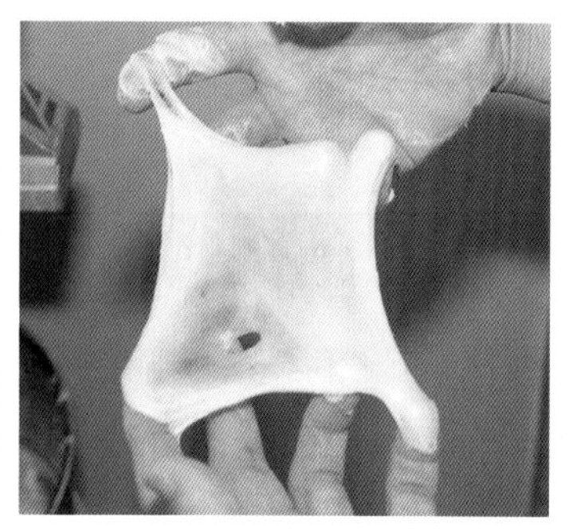

## 基本發酵

## 8

將麵團從攪拌缸中取出，放入撒手粉的麵包箱中，在25～27℃的發酵箱內靜置發酵60分鐘。

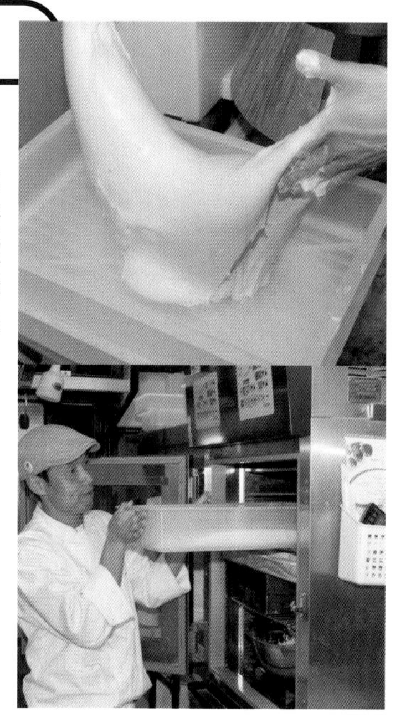

## 9

60分鐘後，麵團的麵筋比剛攪拌完成時更強。進行一次折疊排氣，將手粉撒在發酵箱周圍，用刮板將麵團與發酵箱分離，然後將麵團向上提起折疊2～3次。再將麵團放入發酵箱中靜置發酵60分鐘。

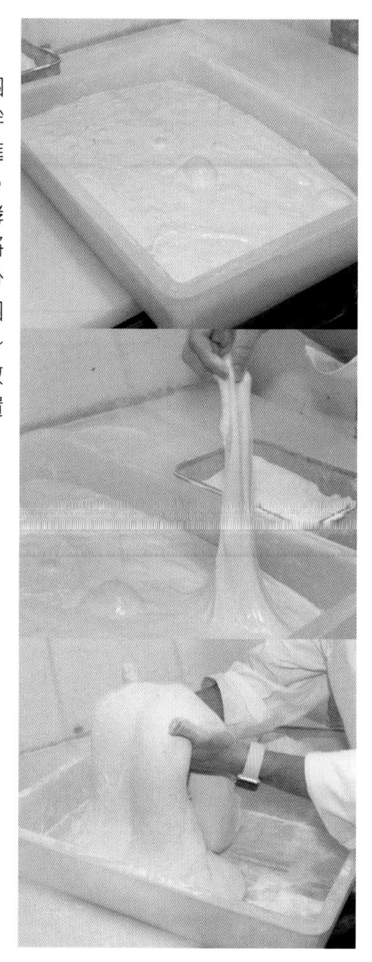

## 分割•滾圓

## 10

60分鐘後，將麵團取出放在撒有手粉的工作檯上，將大氣泡壓破，並重複提起麵團折疊的動作。

## 11

用刮板將麵團分割成每塊290g。

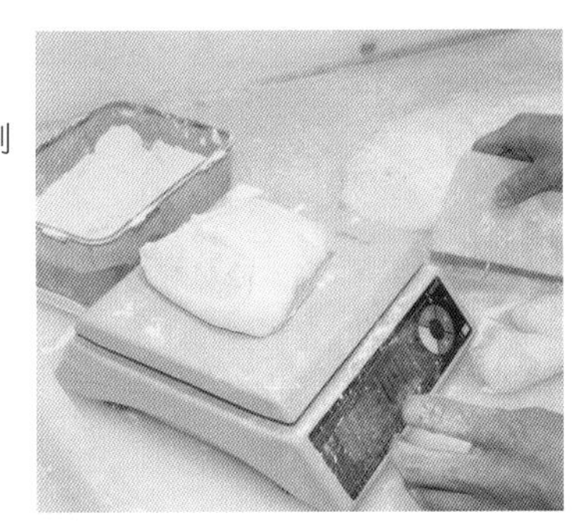

## 12

將分割後的麵團快速地揉圓，使表面保持緊繃，在麵包箱中3個麵團排成一列。

### 整形

## 13

輕輕拍打麵團以排出氣體，然後用擀麵棍將麵團擀平後捲起，將3個麵團放入吐司模具中。

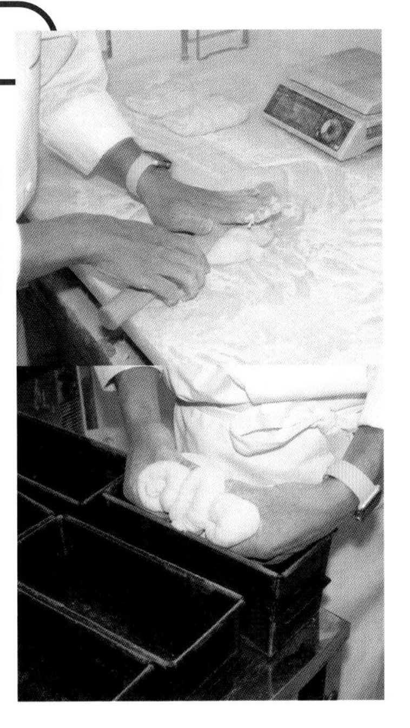

### 發酵

## 14

入模後，放入25℃的發酵箱進行2小時30分鐘的最後發酵，讓麵團膨脹至模型的邊緣。

### 烘烤

## 15

模型不加蓋，放入上火200℃、下火255℃的烤箱中烘烤。烘烤20分鐘後，將麵包的位置前後調換，烤10分鐘，再將溫度調整為上火190℃、下火240℃，最後再烘烤10分鐘。總計烘烤時間為40分鐘。

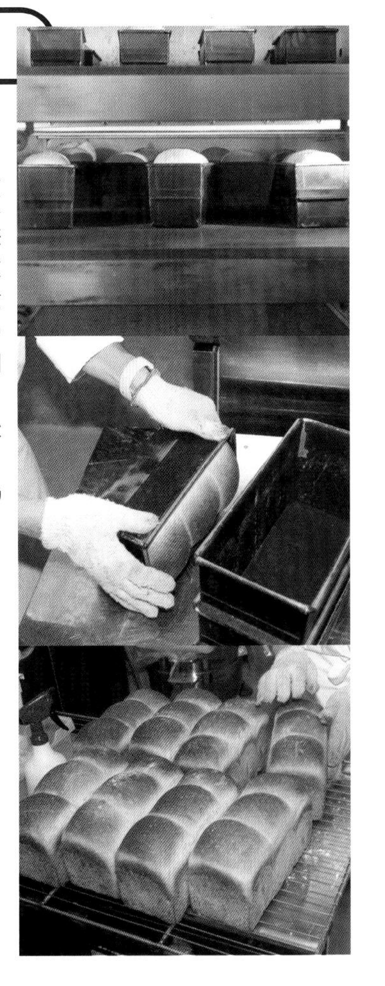

# 人氣店
# 「高糖油高含水

# Chapter 4

# 麵包」的技術

吐司和可頌...，介紹提高加水率來製作

含有油脂、糖和蛋等高糖油（Rich類）的麵包麵團。

# 鮮奶油吐司

## 富士山熔岩窯的店 season factory **麵包果實**

店主 **諏訪原 浩**

使用兵庫縣產的小麥粉，還有北海道產的鮮奶油、赤穗產的鹽等精選的國產材料，讓食材的鮮味得以直接呈現。1條600円、1斤300円（含稅）。

# 總加水率80%。提升小麥風味和口感的特色吐司

### 使用富士山熔岩窯
### 最大限度發揮小麥風味

在兵庫・西宮的「富士山熔岩窯的店season factory麵包果實」，光是吐司就有9種以上的品項。其中特別受歡迎的產品之一是鮮奶油吐司，加水率（包含製作時加入的水和鮮奶油）達到80%。

該店的麵包具有濃郁的小麥風味，口感濕潤且入口即化。其原因在於多數加水率都在70%左右，這使得麵包能擁有這種獨特的風味和質地。

「這種味道和口感是透過使用富士山的熔岩石窯來實現。由於石窯火力強，可以在短時間內完成烘烤，與其他烤箱相比，它能防止麵團內多餘的水分蒸發。我們充分利用這一特性，最終採用了高含水的麵團製作方式」

以上是店主諏訪原浩主廚的解說。尤其是當提高加水率並使用這種石窯烘烤時，麵包的小麥風味和口感差異會更加明顯。因此，該店的吐司品項豐富多樣，而鮮奶油吐司就是其中的代表作品。

### 使用隔夜中種法來穩定發酵
### 並增強熟成風味

高含水麵團通常使用在質地清爽的麵包中，而當乳製品添加進高糖油（Rich類）的麵團時，容易變得黏膩，製作效率較低。然而，諏訪原主廚採用了中種法，這使得麵團能夠緊實成型，便於操作並提高了製作效率。

「我們採用了隔夜中種法，前一天製作的中種在冰箱中低溫長時間發酵一晚。這種方法減緩了酵母的活性，因此在主麵團攪拌時酵母能發揮最大效能，發酵也變得穩定，特別適合於使用乳製品的情況。此外，透過充分熟成中種，可以增加麵團的豐富口感，並避免出現苦味等不良風味」

在製作麵團時，諏訪原主廚堅持使用當地小麥，主要以兵庫縣產的「北野坂」為主，並混合了4種不同的國產小麥。此外，他還將鮮奶油、洗双糖（天然未漂白的糖）和赤穗產的鹽等數種配料混合使用，以提升味道的層次感，並更好地突顯小麥的風味。

## Process flow chart

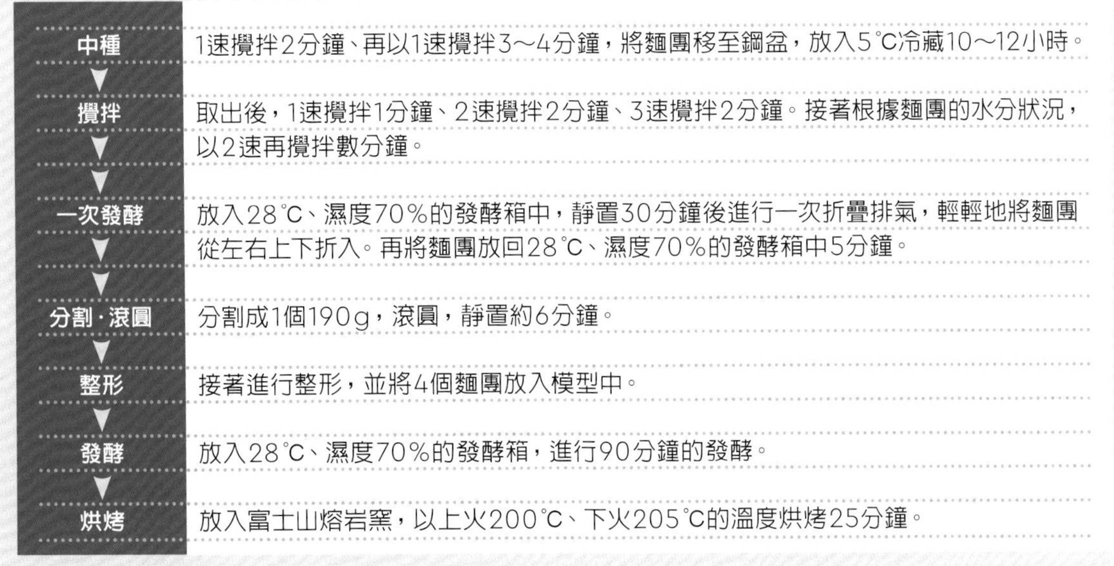

|  |  |
|---|---|
| 中種 | 1速攪拌2分鐘、再以1速攪拌3～4分鐘，將麵團移至鋼盆，放入5℃冷藏10～12小時。 |
| 攪拌 | 取出後，1速攪拌1分鐘、2速攪拌2分鐘、3速攪拌2分鐘。接著根據麵團的水分狀況，以2速再攪拌數分鐘。 |
| 一次發酵 | 放入28℃、濕度70%的發酵箱中，靜置30分鐘後進行一次折疊排氣，輕輕地將麵團從左右上下折入。再將麵團放回28℃、濕度70%的發酵箱中5分鐘。 |
| 分割・滾圓 | 分割成1個190g，滾圓，靜置約6分鐘。 |
| 整形 | 接著進行整形，並將4個麵團放入模型中。 |
| 發酵 | 放入28℃、濕度70%的發酵箱，進行90分鐘的發酵。 |
| 烘烤 | 放入富士山熔岩窯，以上火200℃、下火205℃的溫度烘烤25分鐘。 |

「使用國產小麥時，除了選擇適合的麵粉種類外，還必須隨時根據天氣和濕度調整含水量。因此，我們會首先製作加水率為63～65%的麵團，然後逐步透過Bassinage（後加水）加入剩餘的水分。在攪拌過程中，我們會不斷觀察麵團的狀態，這樣才能製作出充分水合的柔軟麵團。」

**製作有膨脹力的麵團**
**短時間內一氣呵成的烘烤**

主麵團攪拌後、進行一次發酵，發酵箱的溫度設定為28℃、濕度70%，約30分鐘。整形後同樣在28℃、濕度70%的條件下進行90分鐘的發酵，這樣確保了充分的靜置時間。透過這種調整，能夠在烘烤時迅速釋放麵團的鮮味。

「關鍵在於如何減少麵團所承受的壓力。不是按照製作的方便，而是要配合原材料的特性，才能充分釋放出小麥原有的風味和口感。我們非常注重這一點」

再加上，為了最大限度地發揮高含水麵團的優點，店主引進了富士山熔岩窯作為店鋪特色。使用這種石窯，烘烤時間能縮短至電烤箱的一半，因此即使是加水率較高的麵團，也能在保持水分的情況下烘烤至熟透，內部保持濕潤，口感柔軟。

「這種窯可以在25分鐘內烤好吐司，因其強大的遠紅外線效果能迅速加熱至核心，使內部保持水分並鎖住風味，而外皮則酥脆可口。特別是鮮奶油吐司，其深厚的口感、甜味與細膩的入口即化感，在這種石窯與高含水技術的結合下，能得到最充分的發揮。」

配方

| 中種 | |
|---|---|
| 春よ恋 | 60% |
| 夢之力（ゆめちから）100 | 30% |
| SK-北信（SK-ホクシン） | 10% |
| 洗双糖 | 4% |
| 鹽 | 0.5% |
| 麥麴（粉） | 0.2% |
| 白神こだま酵母 | 1% |
| 奶油 | 10% |
| 水 | 78% |

| 主麵團 | |
|---|---|
| 春よ恋 | 40% |
| 北野坂 | 30% |
| SK-北信（SK-ホクシン） | 20% |
| 夢之力（ゆめちから） | 10% |
| 中種 | 20% |
| 發酵種 | 6% |
| 白神こだま酵母 | 4% |
| 海藻糖（Trehalose） | 1.6% |
| 砂糖 | 3.6% |
| 鹽 | 0.6% |
| 奶油 | 4% |
| 鮮奶油 | 15% |
| 脫脂粉乳 | 0.6% |
| 水<br>※根據小麥粉的種類或氣候可能需要調整 | 65% |
| 碳酸水 | 1～2% |

## 中種

**1**

製作中種。將水按照比例（每10g酵母用50cc水），加熱到35℃後，加入白神こだま酵母，靜置5分鐘讓其發酵。

**2**

將奶油先放入攪拌缸中。將奶油放在底部是為了防止攪拌時奶油過於劇烈地晃動。

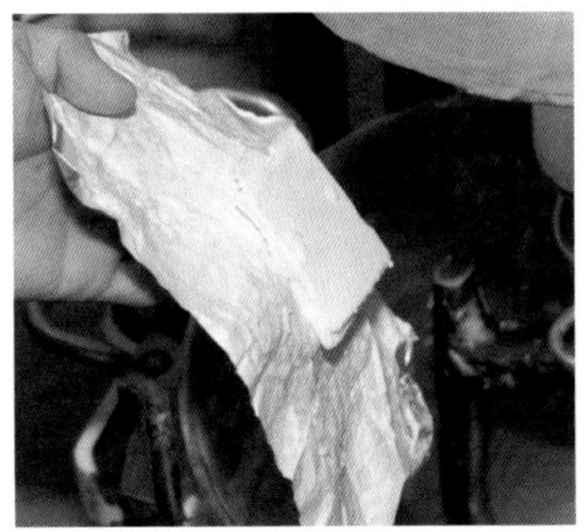

**3**

加入包含「春よ恋」共3種粉類混合而成的小麥粉。「SK-北信」具有高吸水性，適合高含水麵團的製作。

**4**

按順序加入洗双糖和鹽。洗双糖是由種子島產甘蔗製成，鹽則使用「赤穂の天海の塩」和「天塩粗塩」按50%的比例混合。

**5**

加入**1**已經發酵的酵母。

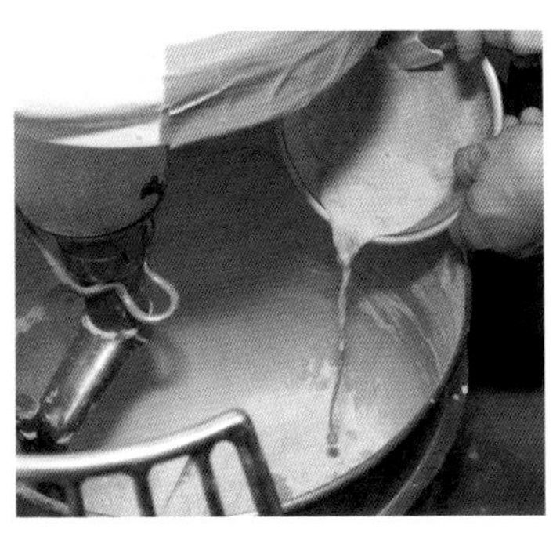

**6**

加入麥麴。麥麴可以提高吸水性並改善麵團的延展性。

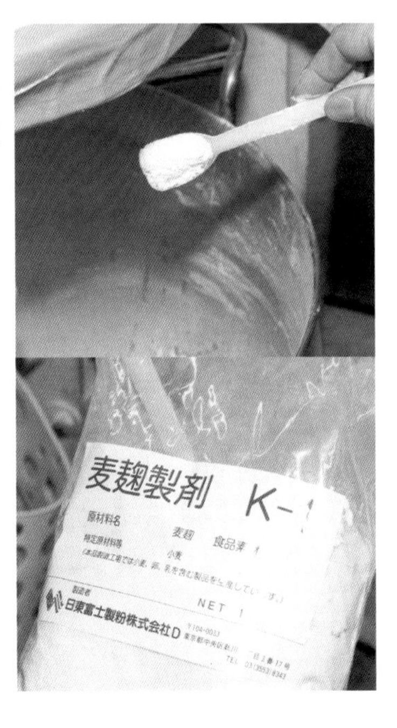


**7**

水加熱至約28℃逐漸加入，根據麵粉的不同含水量，適當調整加水量。

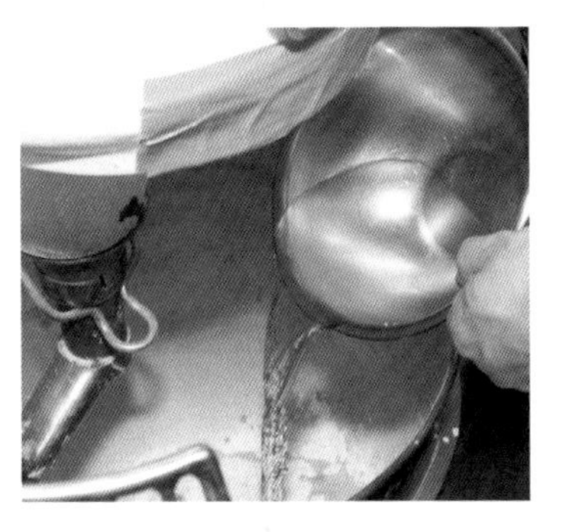

**8**

以1速攪拌2分鐘，確認是否有未混合的粉末，若有，則繼續逐漸加水，然後再以1速攪拌3～4分鐘。

## 9

停止攪拌後，檢查中種麵團的狀態，麵團應有彈性但會輕易斷裂，以便在攪拌時能發揮作用。

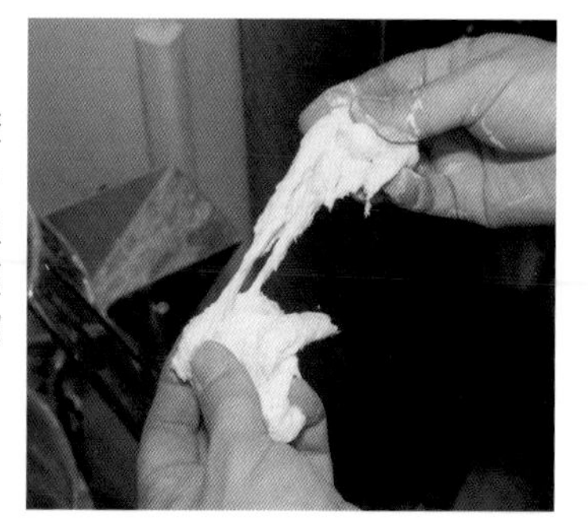

## 10

在鋼盆的內側塗上一層米油，放入攪拌好的中種，並用保鮮膜覆蓋，但不要讓保鮮膜接觸麵團，然後放入5℃的冰箱中，發酵10～12小時。

### 主麵團攪拌

## 11

第二天進行主麵團攪拌。先在攪拌缸中放入奶油，再加入發酵種，這樣可以加快發酵速度，並保證成品質量均一。

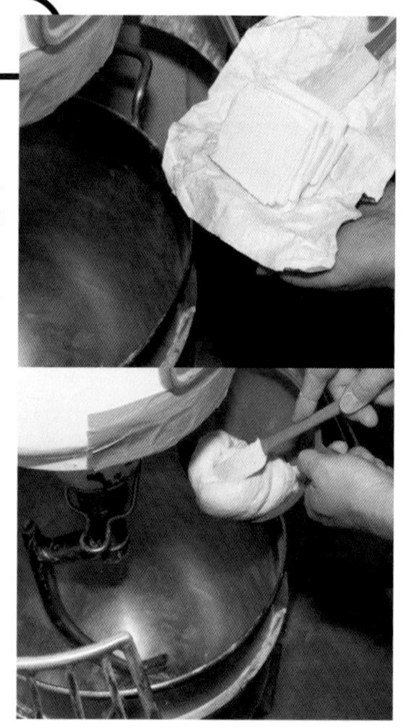

## 12

加入前一天低溫長時間發酵**10**的中種，使用米油塗抹在鋼盆內部，以防中種沾黏攪拌棒。

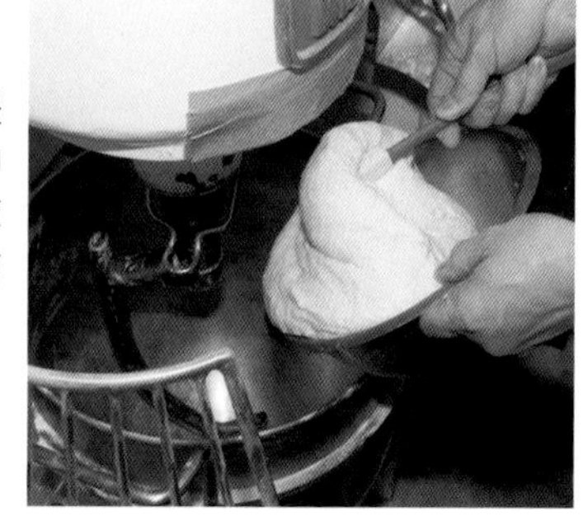

## 13

將「春よ恋」為主的4種小麥粉加入攪拌機。「夢之力」使用了整粒小麥，能增添風味的深度。

## 14

按照順序加入鹽、砂糖、脫脂粉奶和海藻糖。砂糖是由66%的洗双糖與34%的無漂白蔗糖混合而成。

## 15

將每袋10g的酵母溶於50cc、35℃水中，靜置5分鐘後，加入攪拌缸內。

## 16

加入鮮奶油。鮮奶油以4種不同乳脂肪比例混合，然後加入碳酸水和水，水＋鮮奶油使得總加水率達到80%。

## 17

以1速攪拌1分鐘、2速攪拌2分鐘、3速攪拌2分鐘後，檢查麵團狀況。若麵團水分過多，繼續以2速攪拌至麵團成團。

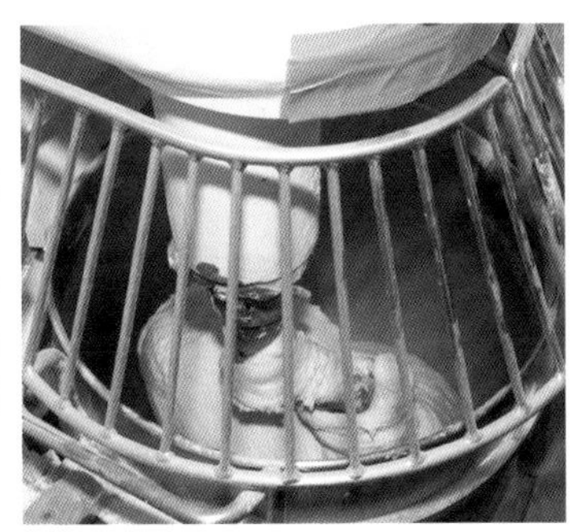

## 18

當麵團光滑有光澤且表面有黏性與延展性時，即可將麵團取出。

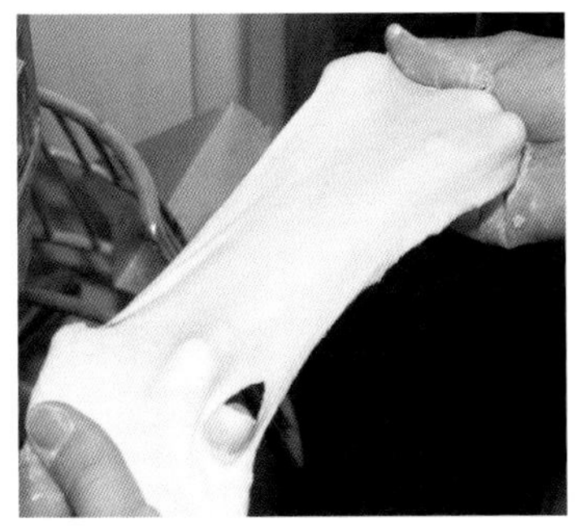

### 一次發酵

## 19

將麵團放入發酵箱，在28℃、濕度70%下靜置發酵30分鐘，並用塑膠膜覆蓋以防乾燥。

### 折疊排氣 Punch

## 20

在麵團表面撒上些許手粉，將麵團從發酵箱取出，輕輕地將麵團左右上下折疊，輕輕排出麵團中的大氣泡。要注意，折疊排氣過多會使麵團變硬。

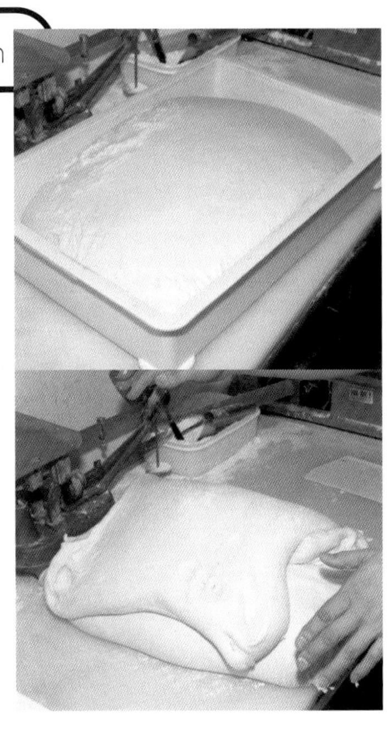

## 21

再次將麵團放入28℃、濕度70%的發酵箱中靜置5分鐘，確保表面有適度濕潤感。

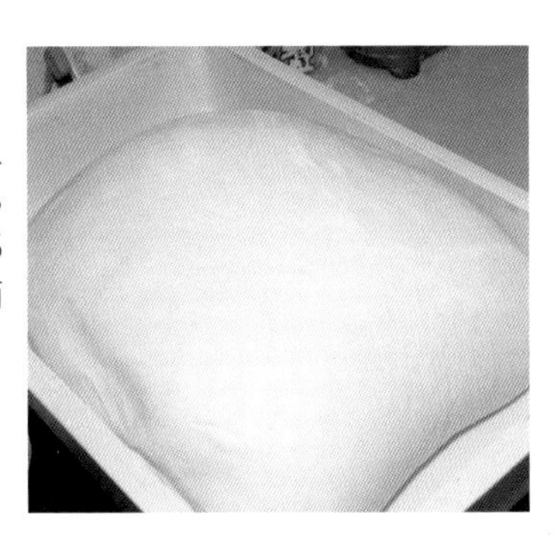

### 分割·滾圓

## 22

將麵團分割成每顆190g，然後滾圓。

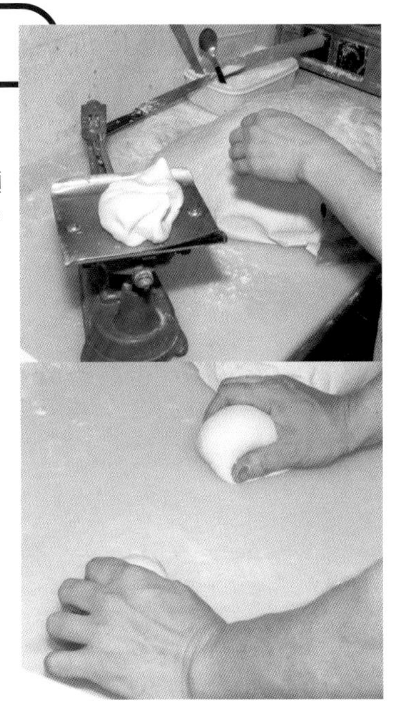

## 靜置鬆弛

**23**

將分割好的麵團靜置約6分鐘，讓麵團鬆弛。

## 整形

**24**

將麵團輕輕壓平，然後揉成橢圓形，最後將其滾圓，收口朝下。

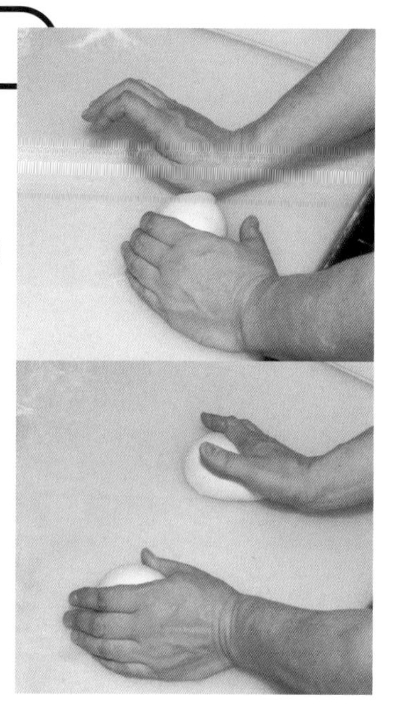

**25**

將麵團放入噴了無過敏原且不含乳化劑烘焙油的模具中，每個模具放4顆麵團。

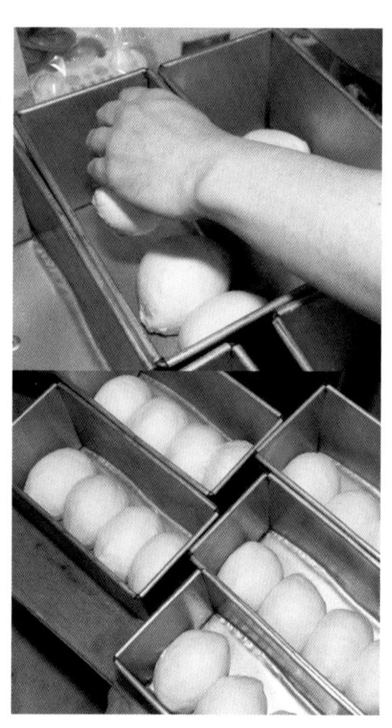

## 最後發酵

**26**

在28°C、濕度70%的發酵箱中發酵90分鐘。

## 烘烤

**27**

模型加蓋　放入富士山熔岩窯，上火200°C、下火205°C烘烤25分鐘。熔岩窯的遠紅外線能從麵團內部加熱，使其內部濕潤，外皮香脆。

**28**

烘烤完成後取出，麵包應該表面金黃，內部濕潤，並且拿起來重量較沉。

# 三軒茶屋 每日吐司(鬆軟款)

## BOULANGERIE NUKUMUKU

Ower chef 与儀高志

店裡的招牌商品之一。如商品名所示，這款吐司的味道清淡，不會讓人吃膩，每天都能享用。它的特點是小麥的甜香味以及92%的超高加水率，帶來蓬鬆柔軟的口感。售價為350円(不含稅)。

# 添加葡萄乾發酵種，92%的加水率。以香氣為主的清爽吐司

### 設計讓人吃不膩的吐司，縮短發酵時間

東京·三軒茶屋人氣麵包店『NUKUMUKU』以高加水率製作了2種吐司，這兩款都成為該店的招牌商品。其中一款是「三軒茶屋　每日吐司」，另一款是「世田谷Q彈吐司Special」。

「雖然同樣是吐司，但每款都具有鮮明的個性，這樣可以吸引不同的粉絲，也讓顧客可以根據不同的需求購買，不會讓他們在選擇時感到困惑。外觀雖是吐司，但實際上是完全不同的產品。」

店主兼主廚与儀高志先生這麼說道。例如，「世田谷Q彈吐司Special」以濃郁的奶油香味為主，適合搭配豐盛的餐點享用，不經回烤直接食用最能享受它的風味。為了達到這種口感，該款吐司不使用牛奶，但添加了較多的奶油，並且進行長時間發酵。與之對比，「三軒茶屋　每日吐司」則使用牛奶代替部分奶油，並縮短了發酵時間。儘管都是吐司，但它們的配方和發酵時間各不相同。本書將介紹這款加水率高達92%的「三軒茶屋　每日吐司」，其配方包括70%的水、20%的牛奶以及加入葡萄乾發酵種。

### 為了加入奶油，使用高蛋白小麥粉並延長攪拌時間以促進麵筋形成

「『三軒茶屋　每日吐司』顧名思義是為了每天都能享用而設計，口感清爽、讓人吃不膩，但同時又想讓其擁有店裡獨特的風味。它的口感非常鬆軟，發酵時間短，香氣十足，是這款吐司的特色。」

通常，吐司的麵團是富含糖和奶油的高糖油(Rich類)麵團。由於高含水率使得麵團非常柔軟，油脂難以均勻混合。因此，与儀主廚對小麥粉的選擇和配比進行了精心設計。

「主要使用的是『夢之力Blend(ゆめちからブレンド)』，這是一款來自北海道的超強力國產高蛋白麵粉『北之香キタノカオリ』系列。單獨使用『夢之力(ゆめちから)』的麵粉時，麵筋過於強韌，因此我將它與國產中筋麵粉混合，以提高操作性。這款麵粉製作的麵包Q彈性強，不易坍塌。此外，我還加入了混合了北之香(キタノカオリ)發芽小麥粉的「增香北之香きたのかおりアクセント」。發芽小麥含有大量澱粉，通常不適合製作麵包，因此過去常被丟棄，但我不想浪費。澱粉含量

## Process flow chart

| | |
|---|---|
| 攪拌 | 1速攪拌1分鐘。途中加入老麵，總共攪拌3分半。然後2速攪拌5分鐘、3速攪拌10分鐘。加入奶油後，以1速攪拌3分鐘、2速攪拌5分鐘。攪拌完成時的麵團溫度應保持在27～28℃。 |
| 發酵 | 將麵團移入容器，放入2℃的冰箱。1小時後進行第一次「折疊排氣」，再放置1小時。 |
| 分割 | 1個440g。 |
| 滾圓·靜置 | 室溫20～30分鐘。 |
| 整形 | 放入吐司模型中。 |
| 發酵 | 32℃、93%濕度的環境下進行1.5～2小時的最後發酵。 |
| 烘烤 | 上火205℃、下火225℃注入蒸氣的烤箱，烘烤40分鐘。 |

高意味著可以產生Q彈感，且發芽後礦物質含量高，能帶來濃郁的風味。我將這些因素考慮在內，但由於它本身不適合製作麵包，所以僅添加了20%。」

此外，與老麵一起還加入了葡萄乾發酵種，因此酵母的配比僅為1%。

「將葡萄乾發酵種與酵母一起使用，除了期待發酵效果外，還有隱藏的風味效果。麵團中加入了牛奶、奶油和糖，這容易使口感變得沉重，但加入葡萄乾發酵種後，味道變得更加柔和，口感也更滑順。」

攪拌過程採用直接法。除了老麵和奶油以外的所有材料都放入攪拌缸中。由於攪拌時間較長，為了防止麵團溫度過高，部分水採用冰塊冷卻。

首先以1速攪拌3分半，然後以2速攪拌5分鐘，接著以3速攪拌10分鐘，在加入奶油前充分攪拌，確保麵團形成穩固的麵筋。在此過程中加入老麵，儘管發酵時間較短，但能使麵團具備熟成感。

當麵筋形成後，加入奶油，先以1速攪拌3分鐘，再以2速攪拌5分鐘，結束攪拌。麵團的溫度應保持在27～28℃。

## 活用冷藏，提升高含水麵團的操作性

「三軒茶屋　每日吐司」的麵團中加入了熟成的老麵，但因水分含量超過90%，攪拌完成的麵團質地十分柔軟，如同液體般。直接操作這樣的麵團比較困難，因此將其從攪拌缸中取出後，放入2℃的冰箱中進行冷卻熟成。

在冰箱中放置1小時後進行一次「折疊排氣Punch」，再放置1小時，然後進行分割。

分割後，將麵團滾圓並進行適當時間的靜置，這時會讓麵團的溫度回到室溫，之後進行整形。麵團質地非常柔軟，無法以機械整形，因此需要技術以手工輕柔地拉伸並滾圓，然後放入吐司模中。最後，將麵團放入發酵箱進行1.5～2小時的最後發酵，並在發酵完成後放進注入蒸氣的烤箱進行烘烤。

它的特點是麵團柔軟且富含水分，口感清爽、味道輕盈，帶有小麥的甜香味。由於添加的酵母量少，並且使用了葡萄乾發酵種，因此口感也十分輕盈。高含水的特性讓麵包保持美味的時間較長，這也是吸引人的一大優點。

**配方**

|  |  |
|---|---|
| 夢之力Blend（ゆめちからブレンド） | 80% |
| 發芽小麥粉（きたのかおりアクセント） | 20% |
| 速發乾酵母 | 1% |
| 砂糖 | 6% |
| 鹽 | 1.8% |
| 純水 | 70% |
| 牛奶 | 20% |
| 葡萄乾發酵種 | 2% |
| 奶油 | 6% |
| 老麵（Panini麵團） | 20% |

## 攪拌

**1**
麵粉以「夢之力Blend」為主，搭配「發芽小麥粉」混合使用。為了延長攪拌時間並製作出堅韌的麵筋，採用「北之香」系列的超高筋麵粉。

**2**
將麵粉放入，加入酵母、砂糖和鹽，稍微攪拌均勻。

**3**
將配方用水與牛奶、葡萄乾發酵種混合後加入麵粉中。因需長時間攪拌，將一部分配方用水改成冰塊，與牛奶混合，葡萄乾發酵種除了發酵，也能防止麵團變得太厚重。

**4**
加入水分後，以低速攪拌約1分鐘。

**5**
停止攪拌後，加入老麵再進行攪拌。老麵使用的是製作帕尼尼Panini的麵團。

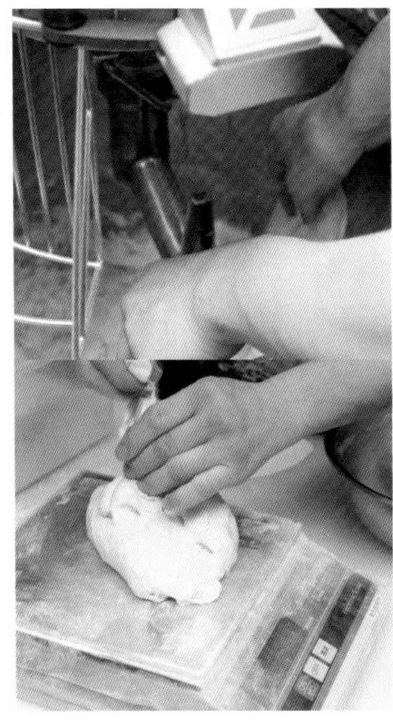

**6**
1速攪拌**4**共3分半，之後以2速攪拌5分鐘，再以3速攪拌10分鐘。

## 7

當麵筋形成後，加入奶油。

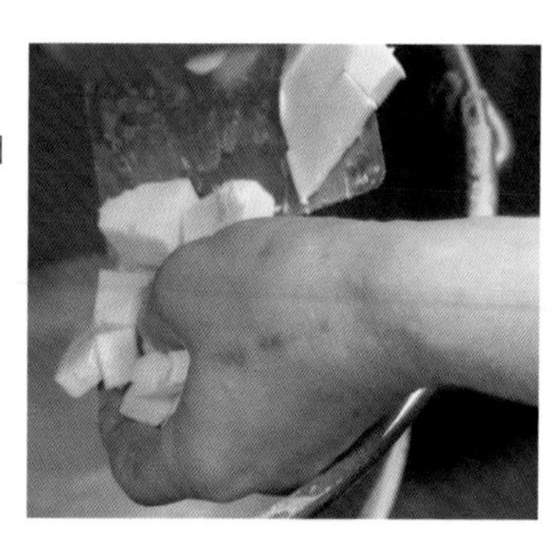

## 8

1速攪拌3分鐘，2速攪拌5分鐘，直到奶油完全混合後即完成攪拌。

### 發酵

## 9

麵團非常柔軟，有流動感。攪拌後的溫度為27～28℃。冬季時放在室溫，其他季節則放在2℃冷藏約1小時發酵。

## 10

發酵1小時後取出，冷藏使麵團稍微變緊實，但依然柔軟。用刮板將麵團邊緣剝離，移至工作檯上。

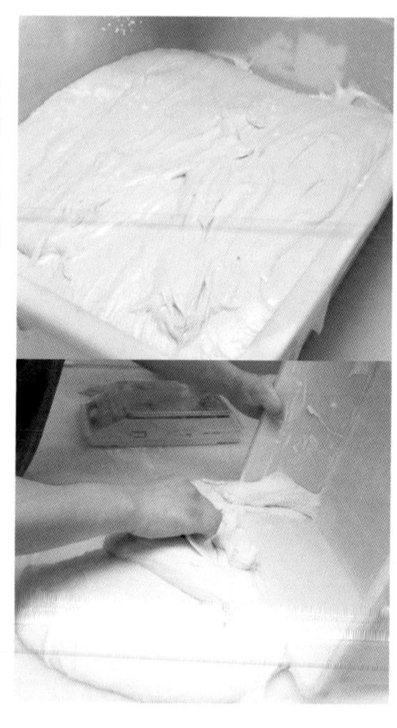

## 11

將麵團從前後左右折疊進行排氣，然後放回容器。照片中是排氣後的麵團。

## 12

排氣後再次放入冷藏，繼續發酵1小時。照片中為1小時後的麵團狀態。

## 分割

**13**

經過1小時後，視下一步驟的進度，在2℃冷藏30分鐘至1小時，然後開始分割。分割成每分440g。

## 滾圓・靜置

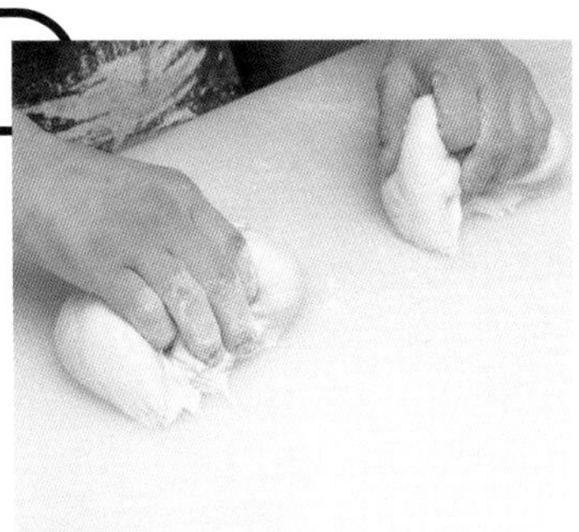

**14**

分割後的麵團立即撒上手粉，滾圓拉緊表面，靜置發酵。放置於室溫下靜置20～30分鐘。

## 整形

**15**

靜置後的麵團重新滾圓，開始整形。輕壓麵團並對折，整形成長條形。

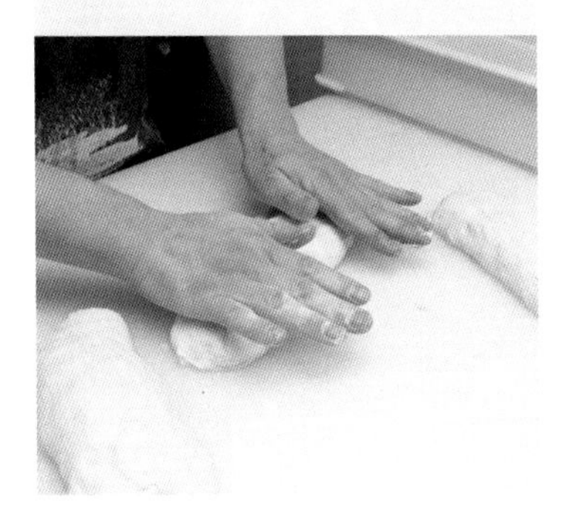

**16**

由末端開始捲起，稍微向前拉緊後，放入1斤的吐司模。

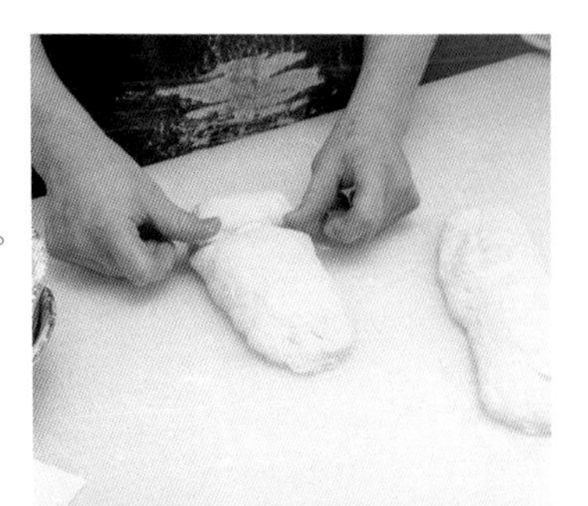

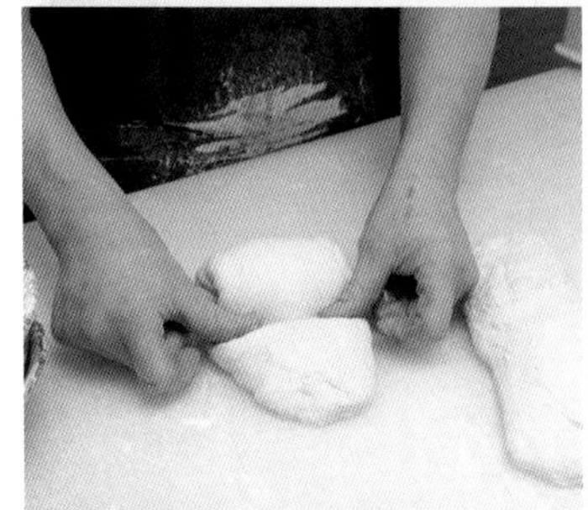

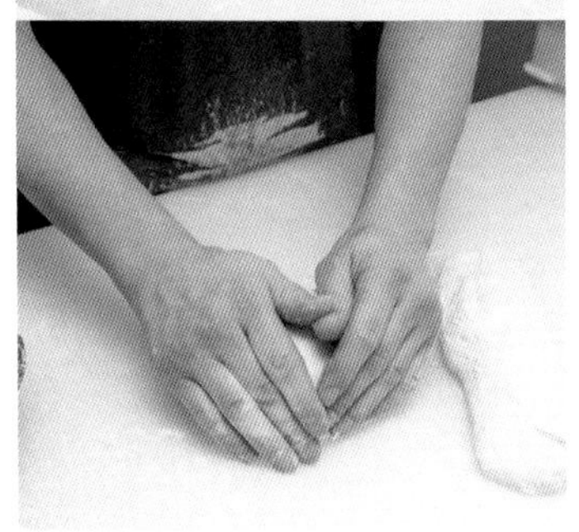

## 發酵

**17**

不加蓋，以32℃、濕度93%的環境進行最後發酵，約1.5～2小時。

## 烘烤

**18**

注入蒸氣，以上火205℃、下火225℃，烘烤40分鐘。

# Croissant 可頌

## 富士山熔岩窯的店 season factory **麵包果實**

店主 **諏訪原 浩**

奶油的豐富風味加上提高的加水率，使得國產小麥的美味成為這款可頌的魅力之一。風味均衡，讓人百吃不膩、想要常常享用。150円（含稅）

# 利用熔岩窯，提升小麥香氣的高含水可頌

## 將奶油與小麥的風味相結合

透過增高加水量，使麵粉的風味更加突出，因此高含水的麵團更適合使用在強調小麥風味的簡單麵包，而不是含有乳製品的高糖油類（Rich）麵包。另外，高含水的麵團柔軟且黏稠，操作起來不便，也是不常用於富含乳製品高糖油類麵包的原因之一。

然而，位於兵庫・西宮的『パンの実（麵包果實）』使用高含水麵團製作的可頌卻頗受歡迎。一般可頌麵團的水分量約為50%，但該店的可頌加上脫脂濃縮牛奶和發酵種的水分，總加水率達到了70%。

「可頌的魅力在於豐富的奶油風味，但我也希望大家品嚐到國產小麥的天然美味與甘甜。」店主兼主廚諏訪原浩先生如此表示。透過提高加水率，不僅能突顯奶油的風味，也能強調小麥的原味，讓顧客長期享用而吃不膩。

## 富士山的溶岩窯，短時間內烘烤高含水麵團

實現70%加水率可頌的關鍵是該店的溶岩窯。「開店時為了賦予店鋪獨特性，我們引進了富士山溶岩製作的烤窯。這種烤窯具有遠紅外線效果，烘烤時間僅為電烤箱的一半，因此即使是高含水率的麵團，也能在保持水分的情況下，迅速烤熟並呈現內部柔軟的質感。」

## Process flow chart

|  |  |
|---|---|
| 中種 | 1速攪拌2分鐘後、2速攪拌1分鐘，攪拌完成溫度26℃。將麵團放置於5℃的冷藏庫中發酵12～14小時。 |
| 攪拌 | 1速攪拌5分鐘，檢查麵團狀態並視情況補充水分，再以1速攪拌1分鐘（若不需加水，則以2速攪拌1分鐘）。 |
| 基本發酵 | 溫度29℃、濕度75%的發酵箱靜置30分鐘，進行一次折疊排氣。折疊排氣後，將麵團再次放入29℃、濕度75%的發酵箱中靜置5分鐘。 |
| 大略分割 | 1個1300g。 |
| 冷凍 | 放入-18℃的冷凍庫靜置60分鐘。 |
| 折入奶油 | 每1個1300g的麵團折入450g的奶油，依序進行三折疊、二折疊、三折疊，每次折疊後，都將麵團放入冷凍庫靜置10分鐘。 |
| 分割・整形 | 最後將麵團擀至2.5mm厚，切割成底邊12cm、高22cm的三角形進行整形。 |
| 冷凍保存 | 完成整形後的麵團放入-18℃的冷凍庫保存10小時。 |
| 解凍 | 在烘烤前4～5小時將麵團取出，放入冷藏庫解凍。 |
| 發酵 | 29℃、濕度75%的發酵箱靜置2小時進行最後發酵。 |
| 烘烤 | 將麵團放入富士山溶岩窯，以上火270℃、下火230℃烘烤10分鐘，然後轉移至一般烤箱，以200℃烘烤10分鐘。 |

溶岩窯的特點是保留麵團水分，使麵包的內部濕潤柔軟。然而，為了突顯可頌特有的酥脆口感，諏訪原主廚會在烘烤即將完成時，將可頌從溶岩窯移至一般烤箱，進行最後的烘烤調整，以達到理想效果。

### 使用低溫長時間發酵的中種，提升熟成感

在製作麵團時，該店以本地生產消費為理念，使用了兵庫縣產小麥如「春よ恋」、「北野坂」和「異人館」等。由於這些麵粉能製作出豐富的麵筋，並且在經過丹麥機（壓麵機）處理時不易損壞麵團，因此選擇了中種法。

「每一批麵粉的水分含量都略有不同，因此每次加水量都需要調整。儘管如此，能夠向顧客推薦兵庫品牌的小麥仍然具有吸引力。我們也希望支持那些規模較小，但致力於生產高品質食材的公司，這樣我的店也能擁有與眾不同的特性。」

該店的可頌製作過程需要3天，首先從製作中種開始。完成混合攪拌後，將中種放置於5℃的冷藏庫，發酵12～14小時。

「我非常重視在中種階段進行低溫長時間的熟成。這樣能夠增添麵團的豐富風味，並且不會產生苦味等負面效果。」

經過充分熟成後，麵團的水合過程也會更加進展，最終的麵包硬化速度也會較慢。結合高含水麵團和溶岩窯的效果，能夠長時間保持新鮮的風味。

### 使用碳酸水將水分滲透至小麥顆粒中芯

主麵團的攪拌從第二天早晨開始，採用All-in-One Mixing的方式，諏訪原主廚非常重視加入材料的順序。

「首先放入發酵麵團，接著加入奶油，然後再依序加入小麥粉等其他材料和中種，最後再加水。將奶油放在最底層，並用中種等材料壓住，攪拌時奶油不會亂跑。」

All-in-One Mixing通常能夠防止麵團沾黏，使其更加平滑且易於操作，而按照這種特定的順序加入材料，是為了確保這樣的效果。

該店還有一個明顯的特色，就是主麵團攪拌時使用的水加入了碳酸水。

「店內使用的是經過強力磁化處理的離子水，不過由於水呈鹼性，發酵過程無法順利進行，麵團不容易膨脹。所以我想到了一個好辦法，就是加入碳酸水。將水的1～2%替換為碳酸水，這樣能夠中和鹼性。同時，碳酸中的氣泡能夠幫助水分滲透到每一顆麵粉顆粒的中芯。」

如今，使用碳酸水製作麵包已經廣為人知，並在家庭烘焙中廣泛採用。但早在此之前，諏訪原主廚就已經開始使用碳酸水進行製作了。

### 在進行主麵團攪拌時，預留折疊時形成的麵筋空間

在主麵團攪拌階段，麵筋並不會完全生成，因為後續還需要進行折疊作業。

「在使用壓麵機進行延展時，麵筋會繼續生成。所以我們會根據折疊結束時麵團的最終狀態，提前停止主麵團攪拌的作業。」

主麵團攪拌完成後，麵團經過一次發酵（包含一次折疊排氣），接著在-18℃的冷凍庫中靜置60分鐘，然後進行折疊作業。

折疊用的奶油比例是麵團1300g對應450g奶油，進行三折疊、二折疊，再次三折疊，最後進行延展，接著進行分割與整形。

之後，麵團會在發酵室進行發酵。由於該店希望能在早上就提供可頌，因此在整形後將其冷凍保存，並於第3天解凍、發酵、烘烤。

**配方**

| 中種 | |
|---|---|
| 小麥粉 | 1000g |
| 「春よ恋」(株)增田製粉所) | 33% |
| 「夢之力100」(株)山本忠信商店) | 33% |
| 「北野坂」(株)增田製粉所) | 33% |
| 水 | 1000cc |
| 白神こだま酵母 | 6g |

| 折疊用奶油 | 麵團1300g對應450g |
|---|---|

| 主麵團 | |
|---|---|
| 「春よ恋」 | 20% |
| 「夢之力100」 | 20% |
| 「北野坂」 | 20% |
| 「異人館Ijinkan」 | 20% |
| 「北の麦」 | 20% |
| 中種 | 8% |
| 脫脂濃縮牛乳 | 3% |
| 海藻糖 | 5% |
| 麥麵(粉) | 3% |
| 發酵麵團 | 5% |
| 酵母 | 0.5% |
| 砂糖 | 6% |
| 鹽 | 4% |
| 米油 | 2% |
| 奶油(裹入用) | 4% |
| 水 | 58～59% |
| 碳酸水 | 1～2% |

## 中種

**1**
製作中種。將包含兵庫縣產「北野坂」在內的3種粉，按照均等比例混合使用。

**2**
30%水分加熱至30℃，加入白神こだま酵母，發酵5～8分鐘，加入剩餘的水。由於每袋粉的吸水量不同，因此加水量會根據情況調整。

**3**
1速攪拌2分鐘，然後轉為2速攪拌1分鐘。取出麵團時不撒手粉，放入鋼盆並覆蓋上緊貼著麵團的保鮮膜，防止冷藏庫中的菌類進入。

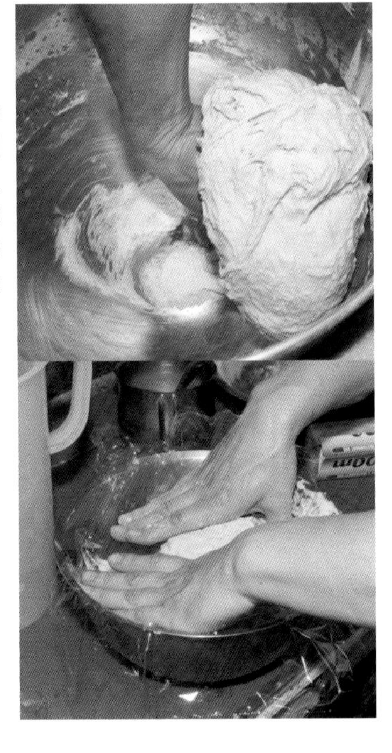

## 4

在5°C的冷藏庫放置12～14小時，進行發酵與熟成。如果熟成不足，麵團會帶有苦味，無法達到芳醇的風味。

### 主麵團攪拌

## 5

第二天進行主麵團攪拌。材料加入的順序至關重要。首先將發酵麵團放入攪拌機中。

## 6

接著加入奶油，將奶油放在底部，以防止攪拌過程中奶油四處滑動。

## 7

按順序加入小麥粉、脫脂濃縮牛乳、海藻糖、麥麵（粉）、酵母、米油等材料，並用這些材料壓住奶油。

## 8

將前一天低溫長時間發酵**4**的中種在加水前放入攪拌機。

## 9

最後加入水，而『パンの実（麵包果實）』的特色是會將一部分水替換為碳酸水。碳酸水的氣泡能促進水分滲透至小麥顆粒的中芯，進一步加強水合作用。

## 10

最後根據需要補充少量剩餘的水。該店使用的是鹼性離子水，碳酸水有助於中和水中的鹼性。

## 11

1速攪拌5分鐘。如果水分不足，則補充剩餘的水並再以1速攪拌1分鐘。如果水分足夠，則以2速再攪拌1分鐘。

## 12

取出攪拌後的麵團，拉伸延展麵團時應有些斷裂感。這時可以放入鋼盆中。由於後續會使用壓麵機進行壓麵延展，麵團的麵筋尚未完全形成。

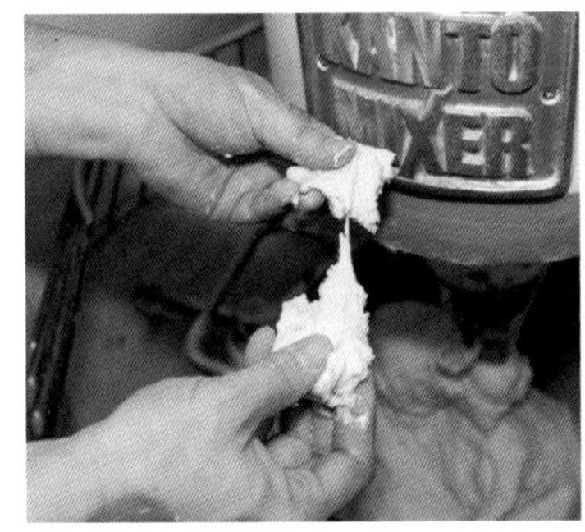

## 基本發酵

## 13

將麵團放入29℃、濕度75%的發酵箱靜置30分鐘，用手指輕壓時，麵團應能回彈恢復原狀。

## 折疊排氣

## 14

將麵團進行折疊排氣，之後在29℃、濕度75%的發酵箱再靜置5分鐘。

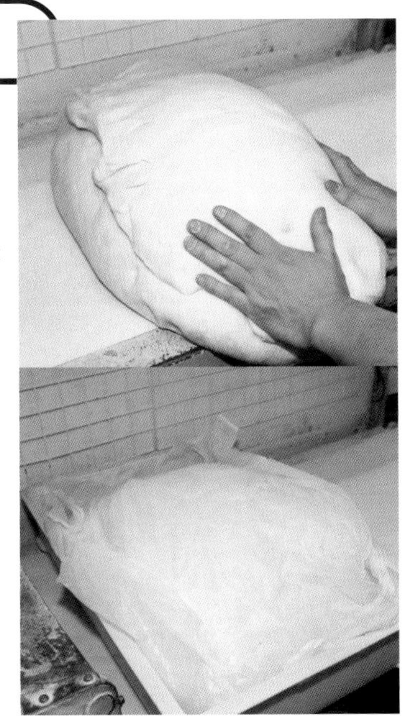

## 大分割

## 15

將靜置過的麵團分割成每塊1300g。將麵團邊緣向內折疊，同時保持表面光滑，整理成型。

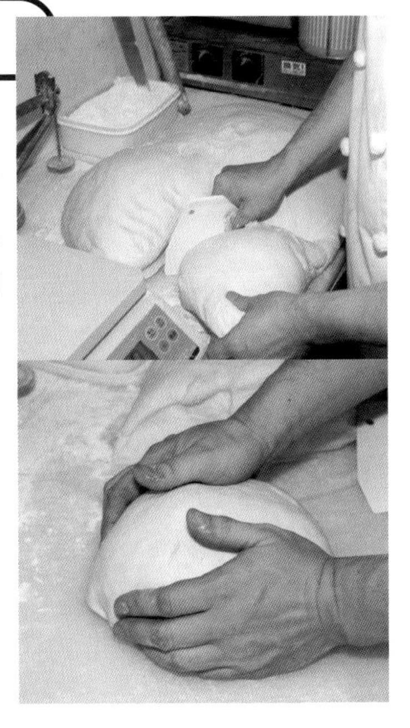

## 16

將大分割後的麵團放入塑膠袋，放置於-18℃的冷凍庫中靜置60分鐘。冷藏只是為了便於操作，麵團不會完全凍結。

## 17

從冷凍庫取出的麵團雖然變硬，但表面仍然保持濕潤。

## 折入奶油

**18**

撒手粉，然後用擀麵棍將緊實的麵團壓平，並擀至適合放入壓麵機的厚度。

**19**

用壓麵機將麵團壓展至可以裹入奶油折疊的大小。這時不是依賴壓麵機的刻度，而是依靠手感來決定厚度。

**20**

麵團上放入450g的奶油，並折疊麵團。所用奶油為四葉乳業株式会社的發酵片狀奶油，奶油的種類會根據產品有所不同。

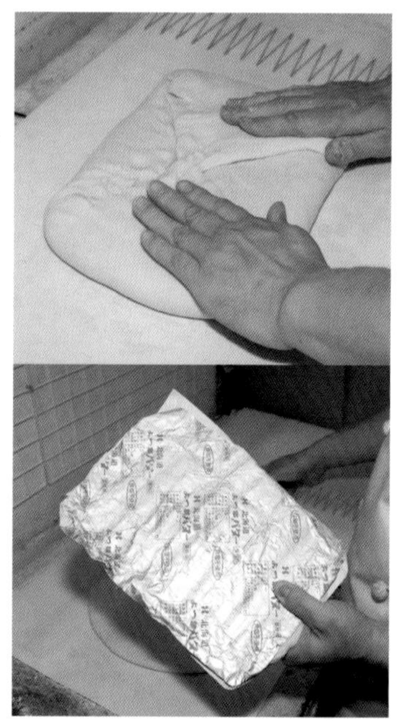

**21**

將折入奶油的麵團用擀麵棍擀開，然後再用壓麵機延展。

**22**

第1次進行三折疊，然後將麵團放入-18℃的冷凍庫靜置10～15分鐘。

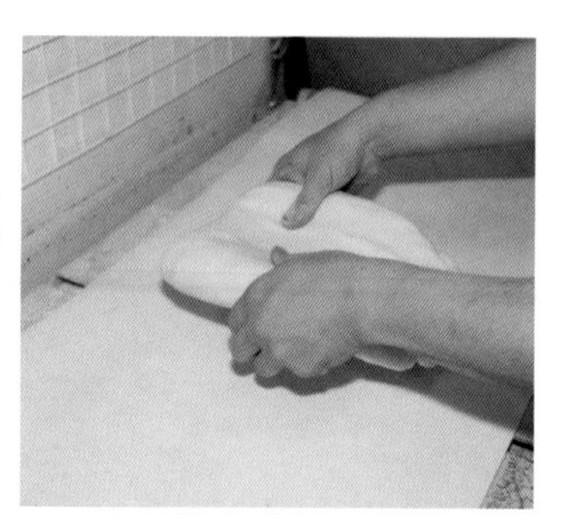

**23**

再次取出緊實的麵團，用擀麵棍擀開，並將麵團轉90度，放入壓麵機再次延展。第2次為二折疊，然後再次放入冷凍庫靜置10～15分鐘。

**24**

將緊實的麵團再次擀開，並使用壓麵機將麵團進一步延展。此過程中麵筋會繼續形成，麵團表面將變得更加光滑。

**25**

第3次使用壓麵機，麵團將更加光滑。進行三折疊，然後同樣放入冷凍庫靜置10～15分鐘。

## 26

最後一次延展，將麵團輕輕壓展開，用壓麵機將其延展至最終厚度（約2.5mm）。

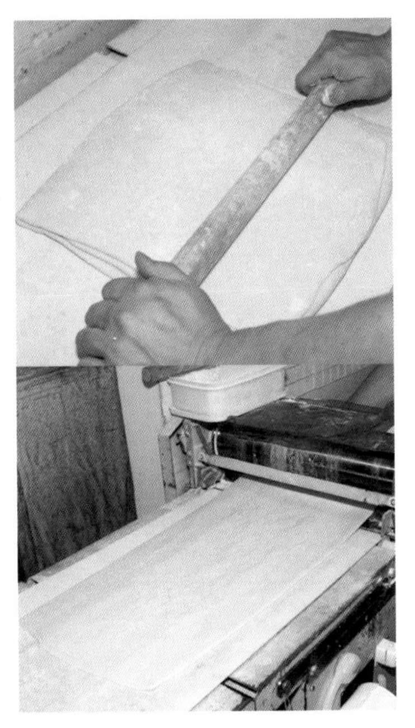

## 發酵

## 29

接下來進行發酵。由於營業時間的關係，整型後的麵團會放入-18℃的冷凍庫保存10小時。第2天早上，烘烤前4～5小時將麵團從冷凍庫取出，放入冷藏庫解凍。接著在29℃、濕度75%的發酵箱中進行2小時發酵。

## 分割・整型

## 27

由於麵團邊緣較硬，需用擀麵棍將其壓開並切除，然後將麵團切成底邊12cm、高22cm的三角形。

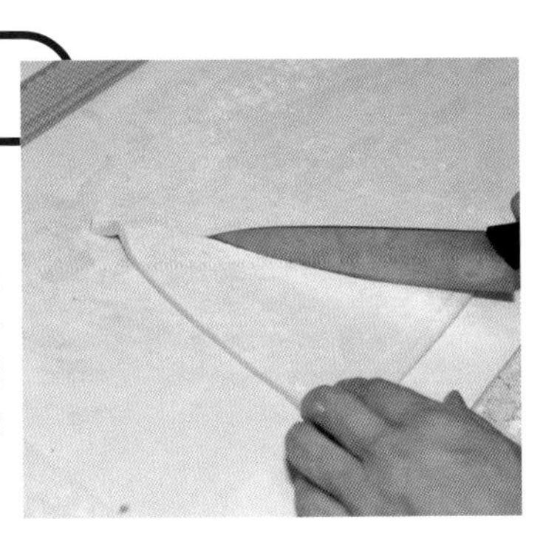

## 28

在三角形麵團的底邊切出1cm左右的縱向切口，雙手撐開切口，並輕輕捲起。注意不要壓扁麵團，應輕柔操作。

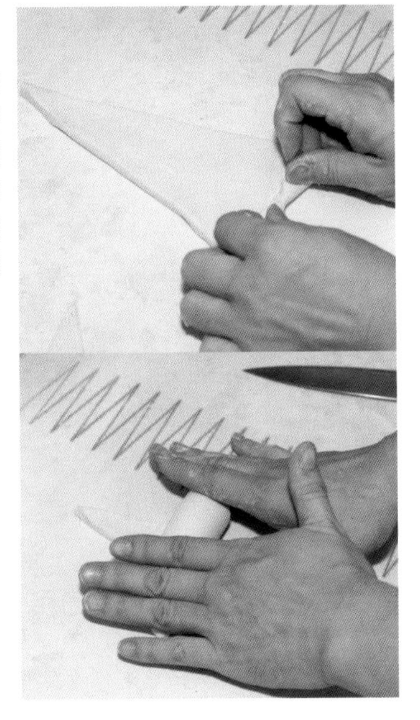

## 烘烤

## 30

使用富士山溶岩窯進行烘烤，上火270℃、下火230℃，烘烤10分鐘。將麵團放入，從裡到外均勻加熱。

## 31

烘烤結束前10分鐘，將麵團從溶岩窯轉移至一般烤箱，以200℃進行最後10分鐘的烘烤。

# 日式餐包（奶油卷麵團）

## BOULANGERIE NUKUMUKU

Ower chef 与儀高志

這款麵包直接食用時口感鬆軟、入口即化，並帶有淡淡的甜味，無論是大人還是小孩都很喜歡。店內還提供夾有牛奶抹醬(milk cream)、蘭姆葡萄乾的日式餐包，以及夾有炸可樂餅和炸鯖魚排製成的三明治等。單純的日式餐包售價為150日圓(未稅)。

# 以濃郁奶油卷麵團製作，深受歡迎的高含水日式餐包

**從2006年開始，這款高含水量的日式餐包就備受青睞**

自2015年左右，隨著專賣店的興起，日式餐包逐漸掀起熱潮。然而，早在這股熱潮之前的2006年，『NUKUMUKU』便已開始推出這款深受好評的日式餐包。即使到了現在，該店依然提供多款以日式餐包為主的產品和三明治，總計約7種，廣受顧客喜愛。

「雖然形狀是日式餐包，但實際上，這款麵包使用的是奶油卷麵團。不過，我們並不是製作傳統的奶油卷，而是專門為日式餐包製作這款麵團，此外，它也被用來製作夾入奶油抹醬的麵包和漢堡麵包。」

店主与儀高志主廚表示。他將這款奶油卷麵團作為能夠靈活運用的基礎麵團。

一般來說，奶油卷麵團是一款富含糖分、乳製品和蛋類的高糖油（Rich類）麵團。該店製作的麵團中，這款是最為高糖油類的一種。一般來說，加水率約為60％，但店裡的特色是使用高含水量的麵團。加上製作時使用的水和蛋液，麵團的總含水量超過了70％。

**為了適應長時間攪拌，配方和工具上，都進行了調整**

為了製作這款高含水量的奶油卷麵團，店內進行了許多精心的調整。

「麵團主要是為了製作日式餐包和漢堡麵包，夾著各種食材來享用。不過，我們也希望它單獨食用時也很美味，所以在配方中添加了更多的糖分，形成這款麵包的特色。」

与儀主廚說道。這款麵團含有20％的糖分。此外，為了使麵團更容易融入奶油，他會將糖分3次加入，而奶油則是在中途加入。正因如此，攪拌時間總計需要19分鐘，算是比較長的攪拌過程。

## Process flow chart

|  |  |
|---|---|
| 準備 | 粉、水、蛋黃要在冷凍庫冷卻。攪拌機的攪拌鉤也要在冷凍庫冷卻。 |
| 攪拌 | 將1/3的糖和除了奶油之外的其他材料放入攪拌缸中，以1速攪拌3分鐘、再以2速攪拌4分鐘，最後以3速攪拌5分鐘。接著加入奶油和1/3的糖，以1速攪拌3分鐘、2速攪拌2分鐘。再加入剩餘的糖，繼續以2速攪拌2分鐘。攪拌完成後，麵團的溫度應在27～28℃。 |
| 低溫熟成 | 將麵團取出放入麵包箱，在2℃的冷藏庫中熟成2～3小時後進行折疊排氣，然後在冷藏庫中固結。 |
| 分割・滾圓 | 1個70g。 |
| 冷凍 | 將滾圓後的麵團放入冷凍庫冷凍8～9小時。 |
| 低溫熟成 | 然後轉移到冷藏庫，在翌日早晨之前解凍並進行低溫熟成。 |
| 整形 | 三折後滾動成長條狀。 |
| 發酵 | 溫度30～32℃、濕度90％的發酵箱，發酵1～1.5小時。 |
| 烘烤 | 上火235℃、下火230℃的烤箱（注入蒸氣）烘烤8分鐘。 |

為了避免麵團受到影響，該店進行了一些調整。首先，他們只使用「夢之力Blend（ゆめちからブレンド）」這種高筋麵粉。

「由於糖分含量高，麵團容易變得很軟。而且攪拌時間較長。在這種作業條件下，我們需要使用高蛋白且具良好操作性的高筋麵粉，這樣才能保證麵團的品質。因此，我們選擇只使用『夢之力Blend（ゆめちからブレンド）』麵粉。」

「夢之力Blend（ゆめちからブレンド）」麵粉也曾在P130頁的「三軒茶屋 每日吐司」中介紹過，它是一種國產超強筋粉，由高蛋白的「北之香（キタノカオリ）」系列小麥製成，並與國產中筋麵粉混合，以提高操作性。

第二個調整是控制材料和工具的溫度。由於攪拌時間較長，麵團的溫度容易上升，導致發酵無法順利進行。因此，他們會冷卻麵粉、水和蛋液，有時還會使用部分冰凍的材料，甚至連攪拌機的攪拌鉤都會在冷凍庫裡冷卻，以降低麵團溫度。

## 注重口感，只使用蛋黃，並進行低溫長時間發酵以提高操作性

這款豐富的奶油卷麵團含有20%的蛋液，但只使用蛋黃，不含蛋白。

「蛋白在加熱後會產生彈性的口感，而這種口感不適合我們想要的麵包質地。考量到計量時使用的是整顆蛋的重量，我們決定只使用蛋黃。雖然這樣做稍微麻煩些，但我們會將蛋白取出，將它的重量以水替代，僅使用蛋黃。」

順便提一下，剩餘的蛋白會用來製作馬卡龍或其他產品，以避免浪費並維持成本。

新鮮酵母的使用量相對該店的其他麵包來說略多，達到4%。這是針對高含水量的高糖油麵團所設計的配方。

「由於加水率高，攪拌後的麵團呈現流動的狀態，這使得它相當難以操作。因此，我們在攪拌完成後會利用冷藏庫和冷凍庫來進行低溫長時間發酵，以便控制麵團的發酵過程。考量到酵母在低溫下會失去部分發酵力，在配方中增加了酵母的用量。」

攪拌完成後，麵團會在冷藏庫進行熟成，以便在隨後的分割和滾圓操作中麵團能夠保持緊實。晚上會將麵團放入冷藏庫，第二天清晨進行整形和烘烤。

在整形過程中，為了減少對肩膀的負擔，与儀主廚設計了一種不需用力敲打或捏和麵團的輕鬆整形法，這是針對高含水量麵團的特別技術。

整形完成後，麵團會進行最後發酵，然後放入上火235℃、下火230℃的烤箱烘烤。烘烤時間約為8分鐘。完成後的麵包氣孔細密，口感輕盈鬆軟，入口即化。這款麵包不僅適合大人食用，對小孩來說也非常容易咀嚼和消化。

配方

|  |  |
| --- | --- |
| 夢之力Blend（ゆめちからブレンド） | 100% |
| 糖 | 20% |
| 鹽 | 1.1% |
| 脫脂奶粉 | 3% |
| 新鮮酵母 | 4% |
| 純水 | 51% |
| 全蛋 | 20%（僅使用蛋黃，蛋白重量以純水替代） |
| 奶油 | 20% |

## 準備

粉提前冷卻，蛋白的重量替換為等量的水，並與蛋黃一起冷凍成半凍結狀態使用。攪拌器的攪拌鉤也需冷凍降溫。

## 攪拌

**1**

將冷藏過的粉和代替牛奶的脫脂奶粉倒入攪拌缸中。

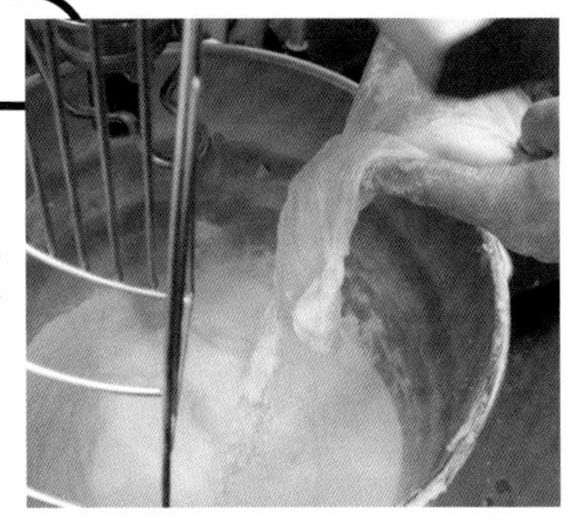

**2**

將砂糖的1/3量先加入。

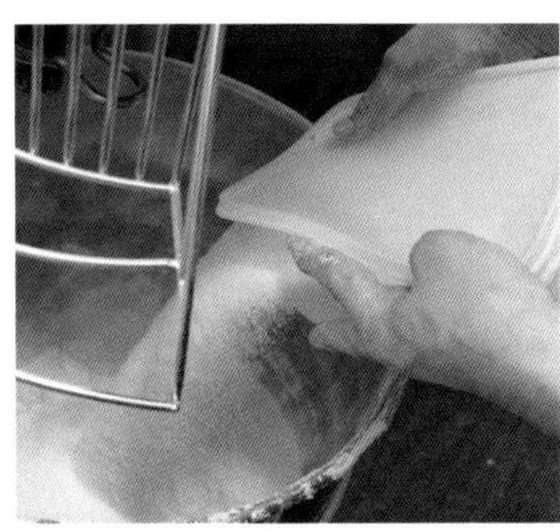

**3**

加入鹽。輕輕啟動攪拌機攪拌。

**4**

為避免酵母直接接觸到鹽，最後再加入新鮮酵母，繼續攪拌。

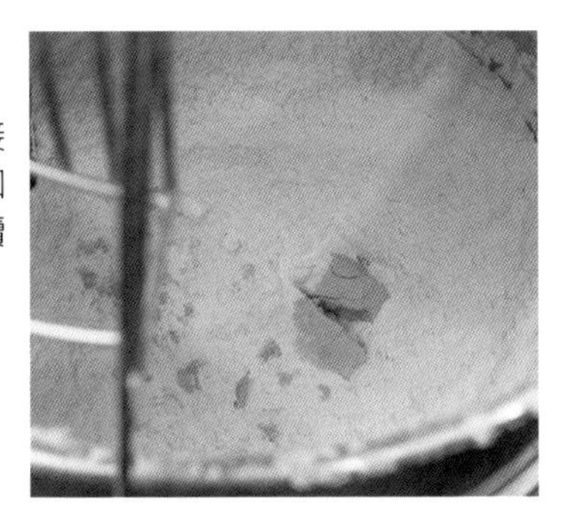

**5**

加入提前準備好的蛋黃和水（均為半冷凍狀態）。

**6**

加入所有水分後，以1速攪拌3分鐘、2速攪拌4分鐘、3速攪拌5分鐘。由於砂糖已加入，麵團較軟，因此這階段需充分生成麵筋。

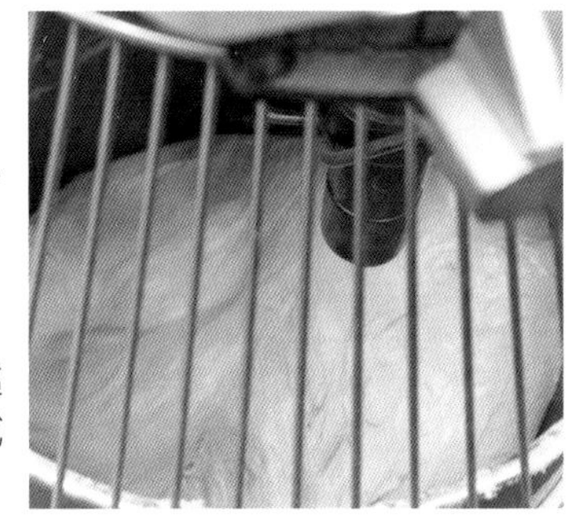

**7**

麵筋生成後，加入全部的奶油和1/3量的砂糖。

**8**

再次攪拌，1速3分鐘、2速2分鐘，使奶油和砂糖混入麵團。

**9**

攪拌機停止後，將剩餘的砂糖全部加入，再次攪拌2速2分鐘。

## 低溫熟成

**10**

攪拌完成後將麵團取出，攪拌完成溫度需達27～28℃。此時麵團應該是流動狀態的黏稠感。將麵團放入2℃的冷藏庫熟成2～3小時後，取出在工作檯上進行壓平排氣，再放入冷凍庫緊實麵團。

## 分割‧滾圓

**11**

將緊實後的麵團再次取出至工作檯。

**12**

將麵團分割成1個70g。此時麵團已經緊實，操作較為容易。

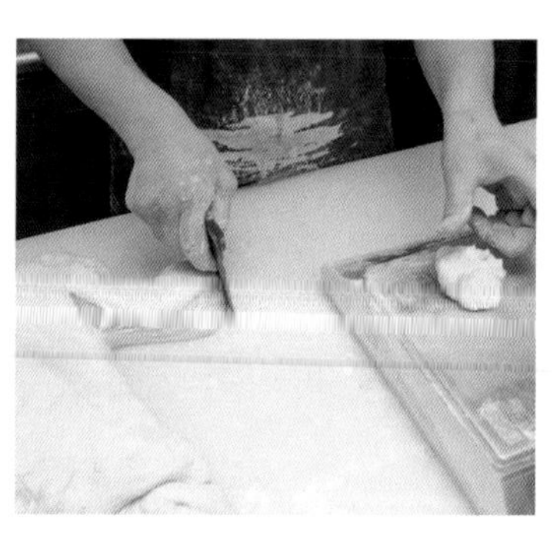

**13**

當分割到一定數量後，輕輕滾圓並將麵團排列於烤盤上。

## 冷凍‧低溫熟成

**14**

早上準備好的麵團，放入冷凍庫，冷凍至下午4～5點。

## 15

將冷凍的麵團於下午移至冷藏庫中，至隔天早晨解凍並進行低溫熟成，然後取出。

## 整形

## 16

輕鬆整形法。一般做法需拍打麵團後封口，但曾因肩膀受傷，改為現在的整形方法。將滾圓的麵團輕輕拍打至平坦，翻面後捏起兩端三折後滾動成長條狀。

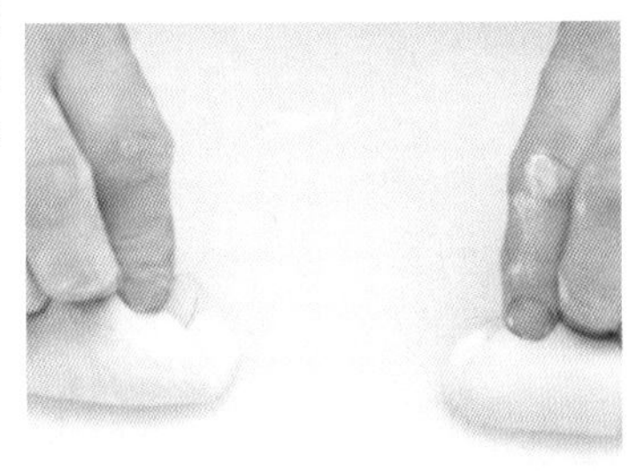

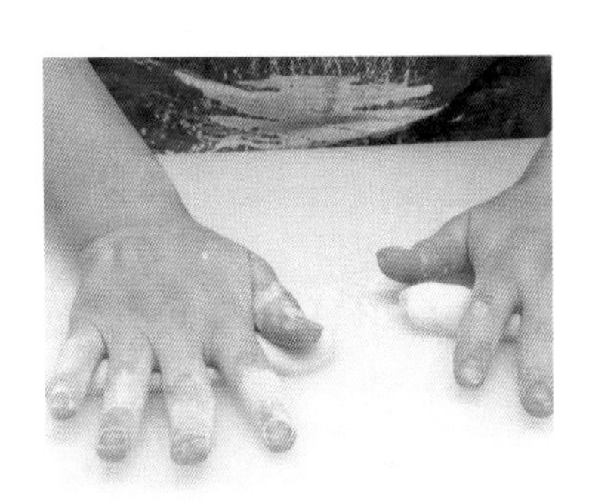

## 發酵

## 17

將麵團放入烤盤，置於30～32℃、濕度90%的發酵箱，進行1～1.5小時的最後發酵。

## 18

發酵後的麵團呈現出典型日式餐包的橢圓形。

## 烘焙

## 19

將烤盤放入烤箱，上火235℃、下火230℃，注入蒸氣，烘烤約8分鐘。

# 人氣店
# 「獨創高含水

Chapter 5

# 麵包」的技術

進一步開發高糖油、高含水的麵包技術，創造獨特性。
介紹添加大量水分製作高糖油（Rich類）麵包的技術。

# 長時間發酵的油炸甜甜圈

## BOULANGERIE NUKUMUKU

Ower chef 与儀高志

這款使用法國麵包麵團製作的甜甜圈，擁有小麥的甜味、濃郁的麥香以及扎實的口感。透過提高加水率並進行長達3天的長時間熟成，實現了獨特的風味。這是『NUKUMUKU』的招牌產品之一，230円(未稅)。

## 80%的加水率。以麵團的甜味和口感為特色的炸甜甜圈

### 因「奶油不足」而設計的麵包甜甜圈

許多麵包店使用酵母來製作獨特的甜甜圈，而非使用泡打粉。『NUKUMUKU』以高含水法國麵包麵團製作這款甜甜圈，成為店內的招牌麵包。

這個創意的起點來自於一次嚴重的奶油短缺危機。

「當時我在思考，是否能製作出不依賴奶油也能暢銷的產品，這時以法國麵包製作的Rusks（麵包脆片）給了我靈感。Rusks是將長棍切薄片塗上油脂和糖烤成乾脆的口感，毫無違和感。因此，我決定使用法國麵包的麵團，研發出與其他麵包店不同，能夠成為我們自家特色的產品。」

『NUKUMUKU』的店主兼主廚，与儀高志回憶說道。

一開始，他嘗試將多餘的長棍麵包炸來吃，結果出乎意料地美味。於是他決定用法國麵包麵團製作甜甜圈，而不是Rusks，經過多次試驗，最終推出了「長時間發酵的法國麵包甜甜圈」。

「當你追求美味的麵包時，最終會走向高含水法。只要你會處理，麵粉的魅力就能完全展現出來，所以高含水是一種很好的方法。」与儀主廚解釋道。『NUKUMUKU』的麵包加水率比其他店都高，因此這款不使用奶油的甜甜圈麵團也是用高含水法製成的。

### 強調小麥的甘甜與香氣的高含水麵團

一般甜甜圈是用油炸並撒上大量的糖。然而，『NUKUMUKU』的甜甜圈是用烤箱烘烤而非油炸，旨在讓甜甜圈更加健康。即便如此，它的油脂與糖的味道仍然非常濃郁。不過，与儀主廚希望透過這款甜甜圈展現小麥的甜味與麥香，因此特別注重麵團的製作。

首先，他使用3種小麥混合製作麵粉：「春香（はるきらり）」、「玉泉（タマイズミ）」、「北之香（キタノカオリ）」。

「『春香（はるきらり）』是用來突出其他麵粉特性

### Process flow chart

| | |
|---|---|
| 攪拌 | 1速攪拌1分40秒～2分鐘。 |
| 靜置 | 放置20分鐘後取出。 |
| 冷凍熟成 | 放入-20℃冷凍庫至隔天中午。 |
| 解凍・發酵 | 取出置於約30℃發酵箱至隔天早晨。 |
| 分割・整形 | 1個100g，滾圓並整形。滾圓的麵團搓揉成長條狀，放入圈狀模。 |
| 發酵 | 30℃發酵箱，發酵60～90分鐘。 |
| 冷凍 | 放入-20℃冷凍庫冷凍2小時，讓麵團緊實。 |
| 調理 | 表面塗上米油，撒上砂糖，放入上火270℃、下火230℃的烤箱烘烤20分鐘。<br>烤好後，在甜甜圈表面撒上細砂糖。 |

的，而『玉泉（タマイズミ）』則是為了創造出軟糯的口感。個性強烈的『北之香（キタノカオリ）』則用來突顯濃郁的風味。」

為了充分發揮這些小麥粉的特性，水分比例達到80%左右。由於「玉泉」和「北之香」的吸水性很好，尤其在秋天的新麥季節，加水率甚至會達到83～84%。

將所有材料放入攪拌缸中，使用1速攪拌1分40秒～2分鐘。當麵團基本混合均勻後，結束攪拌。

「這個麵團的製作重點在於保持風味。我們並不是要讓麵團變得蓬鬆，因此攪拌時間較短，一旦麵團混合均勻即可結束攪拌。在攪拌缸中不要過度打麵團，以免風味流失。」

## 用3天時間製作產品，並將技術應用於其他商品

這款麵團在攪拌階段還沒有形成麵筋，因此需要延長靜置時間來促進麵筋的生成。

「早上攪拌好的麵團會放入-20℃的冷凍庫，直到隔天中午。中午取出後放入30℃的發酵箱，直到隔天早晨發酵完成，然後才能製作成品。這意味著，我們用3天的時間來進行熟成與發酵。之後還會進行分割與整形，如此麵筋才會逐漸形成。」

這款麵團所使用的酵母僅為0.02%，極為少量。因此，為了在形成麩質的同時，讓少量的酵母也能充分發揮作用，熟成時間需耗時3天。

「由於酵母用量少，第2天的麵團風味還不足。到了第3天，風味才剛剛好。這是因為酵母的量少，沒有完全消耗掉麵粉中的糖分，因此甜味依然保留。然而，如果到第4天，酵母會開始產生一種苦味。所以，第3天的麵團最佳。」

與儀主廚還將這款麵團用於製作其他2款產品。

第2天的麵團，雖然風味不足，但正好適合突顯明太子的風味，經過些許變化後，製作成「明太子法國麵包」。而第3天的麵團，則除了甜甜圈外，還用於製作高糖油的「究極長棍Baguette Ultimate」。透過一次製作，能夠產出3款產品，也提升了作業效率。

**配方**

|  |  |
| --- | --- |
| 春香（はるきらり） | 60% |
| 玉泉（タマイズミ） | 20% |
| 北之香（キタノカオリ） | 20% |
| 鹽 | 2.1% |
| 乾燥酵母 | 0.02% |
| 水 | 78～80% |
| 米油 | 適量 |
| 砂糖 | 適量 |

## 攪拌

**1**

將鹽加入水中，用攪拌棒攪拌至鹽完全溶解。水的溫度在室溫20℃時，應調整至10～15℃。使用沖繩的「シママース」鹽。

**2**

將「春香」、「玉泉」與「北之香」3種粉混合，將事先混合好的粉一次加入鹽水中。

**3**

酵母應最後加入粉中，與粉混合。由於鹽分會抑制酵母的發酵，因此不要將酵母溶解於鹽水中。

**4**

攪拌時間為1速1分40秒～2分鐘。

## 靜置

**5**

一旦成形即停止攪拌。過度攪拌會使風味流失。由於水分含量高且靜置時間長，麵團會自然成形。

## 冷凍熟成

**6**

麵團靜置約20分鐘後，取出放入容器中，繃緊麵團表面。蓋上蓋子以防乾燥，放入-20℃的冷凍庫，靜置至隔天中午。下方照片是已經冷凍一天的麵團。

## 解凍・發酵

**7**

放入約30℃的發酵箱，從製作當天起至隔天早晨，讓其慢慢解凍並進行發酵。照片是在發酵箱中過夜的麵團。

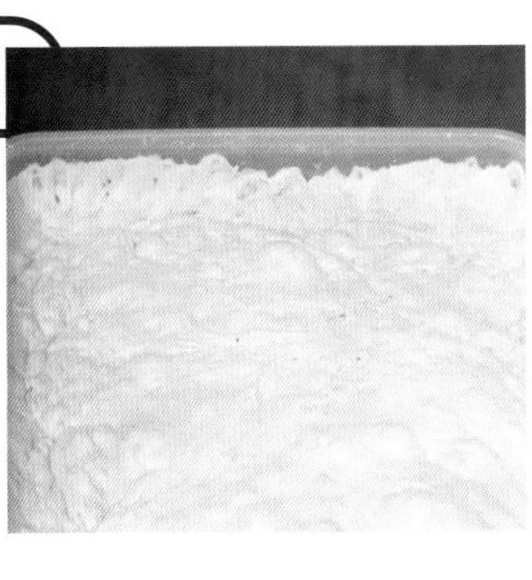

## 分割・滾圓

**8**

將發酵好的麵團倒在撒上手粉的工作檯上。麵團非常柔軟，如照片所示。

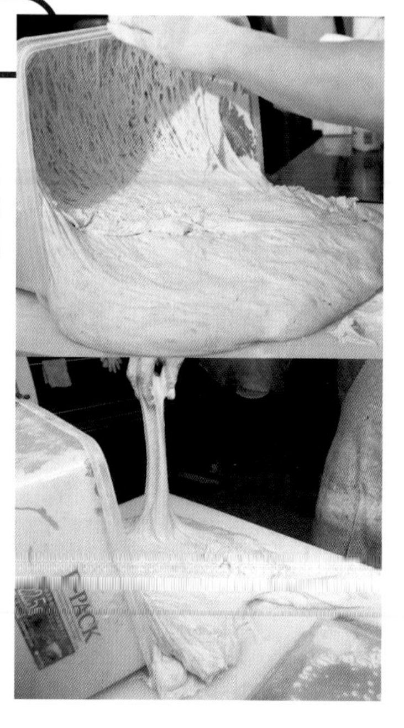

**9**

輕輕撒上手粉，將麵團分割成每個100g。由於麵團較為柔軟，操作時需要快速進行，否則會沾黏。

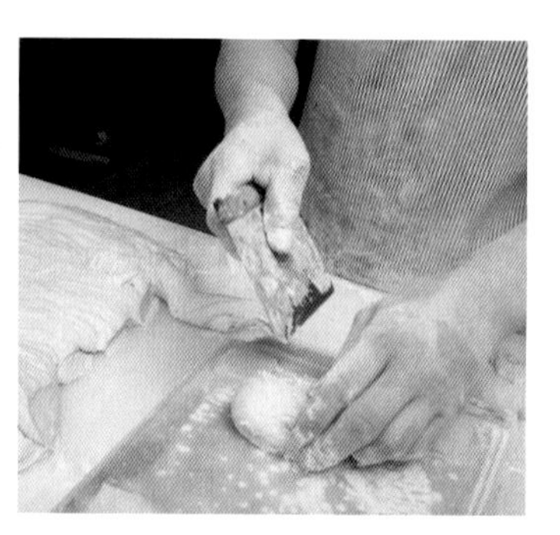

**10**

輕柔地將分割好的麵團滾圓。避免過度擠壓，會使麵團中的氣體散失。

## 整形

**11**

從最先滾圓的麵團開始整形。輕輕拉長，將麵團搓揉成細長條。此過程不要過度用力。將麵團放入內側薄薄塗上油的圈狀模中。

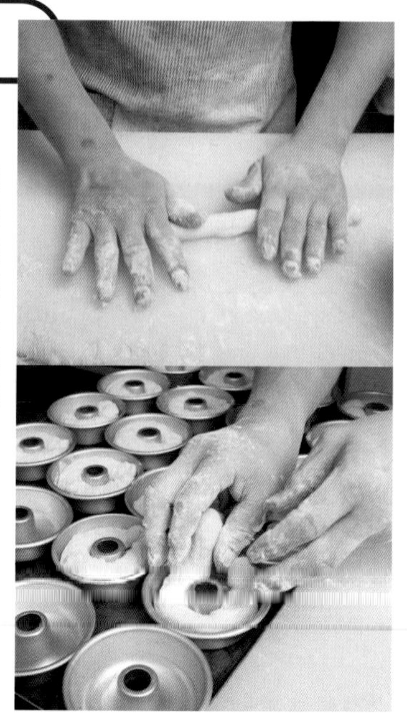

## 發酵

**12**

連同模型，放入發酵箱發酵60～90分鐘。照片顯示的是已經發酵好的麵團。

## 冷凍

**13**

將發酵好的麵團放入冷凍庫約2小時，使麵團變硬，方便取出。從冷凍庫取出後，用刮刀輕輕將麵團從模型邊緣取出。

## 烘烤

**14**

將冷凍過的麵團浸入米油中，再沾上粗粒砂糖。

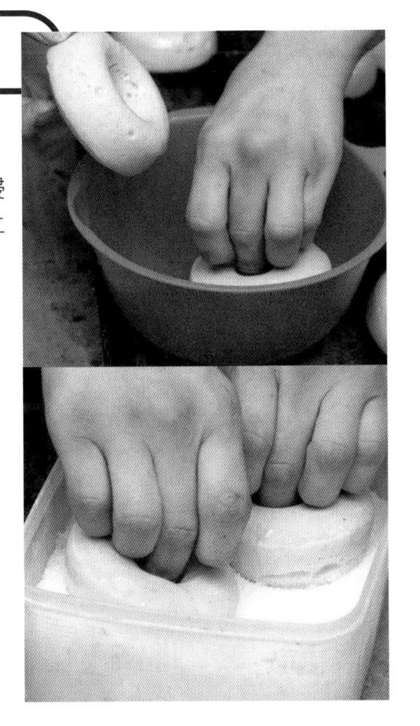

**15**

將麵團放入上火270°C、下火230°C的蒸氣烤箱中烘烤約20分鐘。待麵團冷卻後，撒上細粒砂糖。

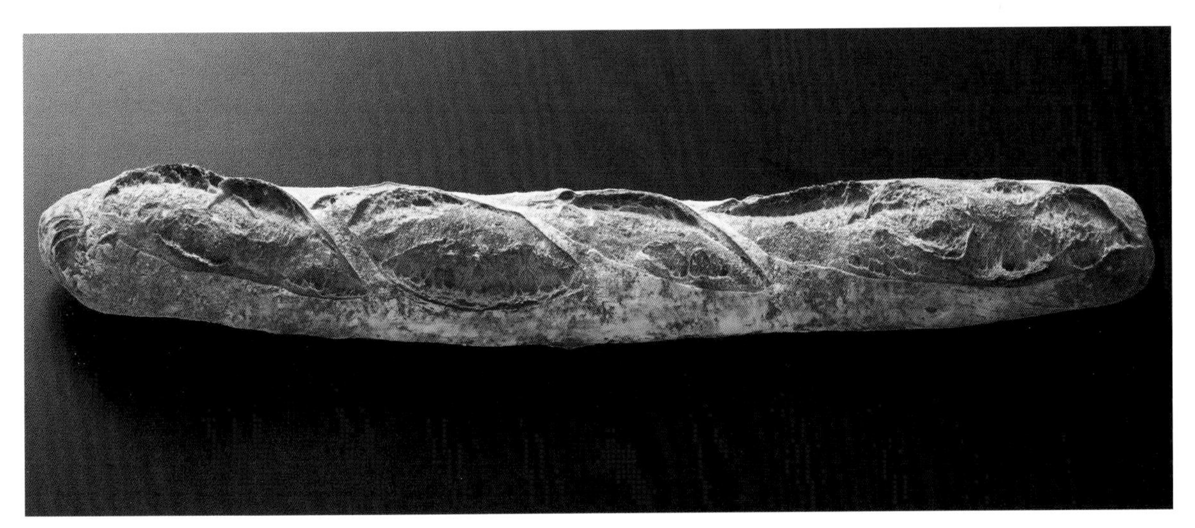

**究極長棍**
**Baguette Ultimate**
（250円）（含稅）
使用第3天熟成的麵團（步驟**8**）來製作長棍。為了保持鮮味和甜味，不過度擠壓麵團以保留氣體。由於麵團內部已含有氣體，最終發酵時間不宜過長，稍微發酵後即可取出進行烘烤。

**明太子法國麵包**
（210円）
使用第2天的麵團製作的法國麵包。將製作好的麵團（步驟**6**）放入18°C的發酵箱過夜，早晨取出後進行整形與烘烤。將自製美乃滋和明太子混合後塗抹於麵包上，再次稍微烘烤。

# Pancakes 鬆餅

## 麵包工房 風見鶏

Ower chef 福王寺 明

照片最前方的是簡單的「鬆餅」，240円(未稅)。特點是濃郁的奶油風味。左邊是「草莓果醬」，右邊是「藍莓」，兩者皆為240円(未稅)。這些變化源自奶油+果醬吐司的靈感。只要變換果醬，還可以創造更多的變化。雖然沒有添加糖分，但麵團本身具有天然的甜味，這是一款簡單但富有個性的甜麵包。

# 使用3種酵母，高含水麵團製作的「鬆餅」

『麵包工房　風見鶏』的老闆兼主廚福王寺　明，利用酵母種推出了一系列獨特的麵包產品。該店的熱門商品之一是用高含水的鹽奶油麵團製作的「Pancakes鬆餅」。

這款麵包的名字源自像麵包卻具有蓬鬆的口感。透過增高加水量，麵團具有甜味和柔軟的口感，並且還能直接感受到麵團中奶油的濃郁風味，這是一款新型的甜麵包。

「高含水的麵團不僅製作難度高，而且不易變化。但我想透過調整發酵種的配比和溫度管理，即使在高加水率的情況下，也能製作出應對各種變化的麵團，這就是我製作這款麵包的靈感。」

福王寺主廚解釋道。而且，這款麵團不僅加水率高，還考慮到了效率。

「這款麵團不使用酵母，只使用發酵種，不需要隔夜發酵，也不需要靜置時間。因此，從攪拌到烘烤僅需大約3個小時。」

## 3種發酵種的混合，加水量超過100%

福王寺主廚的「鬆餅」，麵團的最大特色是混合了3種發酵種。一種是利用酵母製成的新鮮發酵種，第二種是用該新鮮發酵種長時間發酵的中種，第三種是用裸麥製作的小麥發酵種（Levain種）。

「中種本身已經是熟成過的，所以當它被用於麵團時，能即時產生效果。相比之下，新鮮發酵種的發酵力較弱，但當少量加入中種後，能提高中種的發酵力，並促進麵團在烤箱中膨脹。再加上含有乳酸菌風味的小麥發酵種（Levain種），能產生其他2種發酵種所缺乏的鮮味、鹹味、酸味、甜味和苦味，使得麵團的味道更加豐富。這種發酵種的pH值較低，加入麵團後，即使在高溫下烘烤也不易焦。特別是水分含量高的麵團，更需要在高溫下快速烘烤，因此添加它還能防止焦化。」

透過將功能不同的3種發酵種混合，使麵團不僅無需使用酵母，還能具備穩定的發酵力，同時

## Process flow chart

|  |  |
|---|---|
| 攪拌 | 1速攪拌4分鐘，途中稍作休息後，一邊進行Bassinage（後加水），總共攪拌10分鐘左右。攪拌完成的溫度為21℃。加入奶油後，1～2速攪拌90秒。 |
| 基本發酵 | 發酵100分鐘，無需折疊排氣。 |
| 分割．整形 | 1個100g。 |
| 發酵 | 38℃、85%濕度下發酵30分鐘。 |
| 烘烤前的準備 | 奶油、果醬等進行裝飾。 |
| 烘烤 | 麵團外噴水霧，在300℃的石窯中烘烤3～4分鐘。 |
| 完成 | 烘烤後塗上鮮奶油、楓糖漿，並撒上糖粉。 |

賦予麵團酵母所沒有的獨特風味。至於加水量，福王寺主廚補充道：

「在主麵團攪拌時，加水量為60%，這是一般的比例。但由於加入了新鮮發酵種、中種和小麥發酵種（Levain種），最終的加水率超過90%。這是一款非常柔軟的麵團。儘管總加水率超過90%，但因為加入了大量熟成的發酵種，攪拌溫度也較低，所以實際上麵團並沒有那麼柔軟，反而操作起來比較容易。」

## 讓混入的奶油故意帶點不均勻

攪拌好的麵團會加入切成小塊的含鹽奶油，攪拌約90秒後，鹽味奶油麵團即完成。這款麵團的一個特點是使用含鹽奶油。

「在家裡塗在麵包上的奶油大多是含鹽奶油。我想保留這種風味，所以使用了含鹽奶油。」

而且，奶油不會完全攪拌均勻，麵團中仍會留有小塊狀的奶油。這樣做的目的是，如果完全攪拌均勻，奶油的風味會變弱。刻意讓奶油分布不均，在烤箱中，這些奶油會融化，釋放出強烈的香氣和濃郁的風味。

加入奶油後，麵團會放入容器中進行1個半小時的基本發酵（Floor time），以促進水合作用。這段時間內不會進行折疊排氣。

## 麵團不僅適用於甜麵包，也能應用於硬式麵包

基本發酵時間結束後，進行分割和整形。由於麵團黏且柔軟，容易黏手，因此需要撒些手粉來分割和滾圓。由於不進行折疊排氣，這個步驟相當於輕輕地排氣。

滾圓後的麵團會放入發酵箱中，由於酵母活動旺盛，發酵時間會縮短至30分鐘，避免過度發酵。

「我們還利用這款麵團製作了『鹽奶油吐司』，在麵團中混入奶油後直接烘烤。除此之外，還有混入2種不同乳酪的『乳酪吐司』，都是以這款麵團來變化。」

**配方**

| 新鮮發酵種 | |
|---|---|
| 星野酵母種（紅） | 500g |
| 溫水 | 1000g |
| **中種** | |
| 「Akira」 | 80% |
| 「白金鶴」 | 20% |
| 岩鹽 | 2% |
| 新鮮發酵種 | 10% |
| 水 | 100% |
| **小麥自然發酵種（Levain種）**（起種） | |
| 裸麥 | 500g |
| 麥芽糖漿（2倍稀釋） | 10g |
| 溫水 | 600g |

| 主麵團 | |
|---|---|
| 「Akira」 | 80% |
| 「白金鶴」 | 20% |
| 樹薯粉 | 1% |
| 岩鹽 | 2% |
| 中種 | 50% |
| 小麥自然發酵種（Levain liquid液種） | 20% |
| 新鮮發酵種 | 6% |
| 水 | 60%～ |
| **含鹽奶油** | 15% |
| **奶油** | |
| **莓果類果醬** | |
| **蜂蜜楓糖漿** | |
| **糖粉** | |

## 準備

### 新鮮發酵種

將溫水倒入滅菌後的碗中，然後逐漸加入並攪拌溶解星野酵母種（紅）。完全溶解後，覆上保鮮膜並開一個透氣孔，在27℃的環境下發酵20小時後使用。

### 中種

將材料放入碗中混合。攪拌後麵團溫度應達到22℃。取出麵團，轉移至容器中，放在22℃環境下發酵16小時。或者，也可以在麵團溫度達到30℃時放在溫暖處6～7小時，然後放入冰箱。冰箱保存10小時以上，隔天即可使用。可在冰箱中保存一週。

### 小麥自然發酵種（Levain種）

分4天製作發酵種。第1天將材料混合後放置於27℃的環境下24小時。第2天開始，將第1天的發酵種1100g與同量的小麥粉和溫水混合，放置於27℃的環境下24小時。第3天，重複第2天的操作。第4天，再次重複上述過程，放置於27℃的環境下12小時。（發酵種的續種：將1000g原發酵種、小麥粉2000g、溫水3400g、以及4g麥芽糖漿（2倍稀釋）混合，置於30℃的環境下6小時。可在冰箱中保存5天～1週。）

## 攪拌

### 1

將材料放入攪拌缸中。60%的冷水預留10%，將其倒入攪拌缸並加入鹽與樹薯粉，攪拌至完全溶解。樹薯粉有助於增加麵團的吸水率。

### 2

加入提前準備好的3種發酵種，依次為新鮮發酵種、小麥自然發酵種和中種。

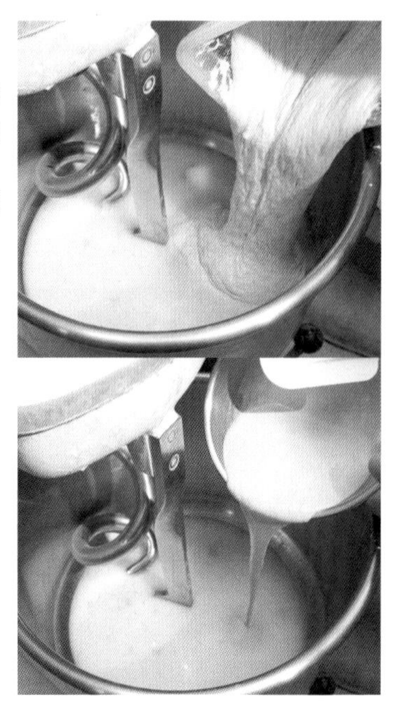

### 3

加入小麥粉。小麥粉是為了達到獨特的柔軟口感和香氣，特意混合了2種粉。

### 4

開始攪拌。以1速攪拌4分鐘。中途停止一次，將附著在缸壁和攪拌鉤上的粉末清理乾淨。攪拌溫度應保持在20℃左右。

**5**

材料混合均匀後，讓麵團靜置5～10分鐘。再以1速攪拌，逐漸將**1**剩餘的冷水分次加入（進行後加水法，即Bassinage）。

**6**

當麵團表面不再有水分時，即為再次添加水的時機。此過程需要重複幾次，逐漸加入水分並攪拌。

**7**

總攪拌時間為10分鐘，最後30秒使用2速攪拌。當麵團光滑、有彈性且出現光澤時，即可結束攪拌。攪拌完成後麵團溫度應為21℃，此時麵團應非常柔軟。

**8**

攪拌完成後，加入切成小塊的含鹽奶油。這一步驟不需將奶油完全融入麵團，而是保持一定的顆粒感。

**9**

當奶油混入麵團後，鹽味奶油麵團即完成。奶油不需要完全融化，保留一些顆粒感即可。將麵團放入麵包箱中。

## 基本發酵

**10**

進行100分鐘的發酵。發酵90分鐘後麵團已經水合，表面呈現濕潤狀態。即使未加入酵母，發酵也進行得非常順利。

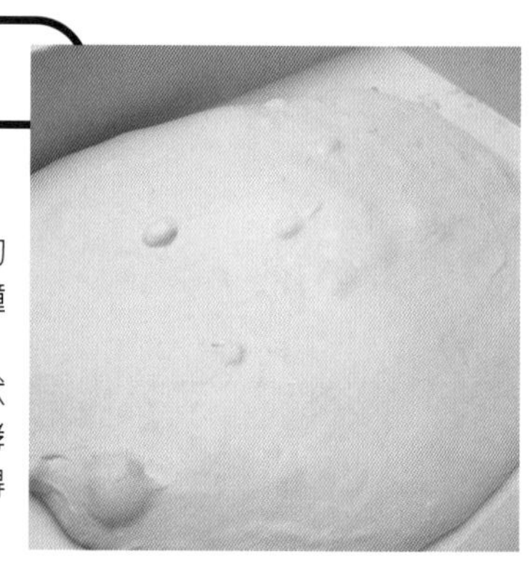

## 分割・成形

**11**
將麵團分割成每個100g，然後輕輕滾圓。因麵團柔軟且易黏手，需要在手上撒上些許手粉。此步驟不進行折疊排氣(Punch)，因此在分割和滾圓時需輕輕排氣，替代折疊排氣的效果。

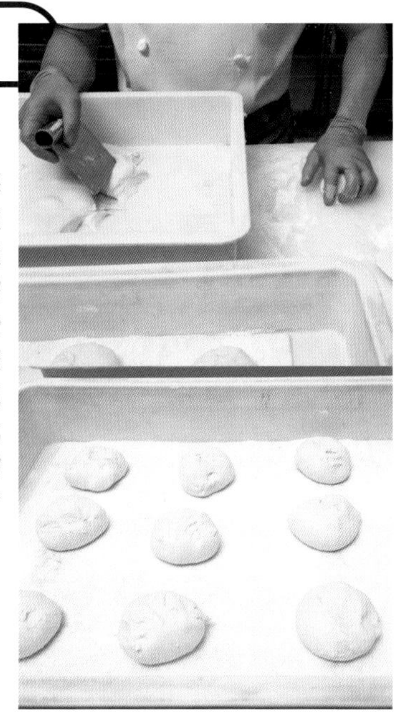

**12**
將麵團靜置一下。經過靜置後，柔軟黏手的麵團會變得稍微穩定。

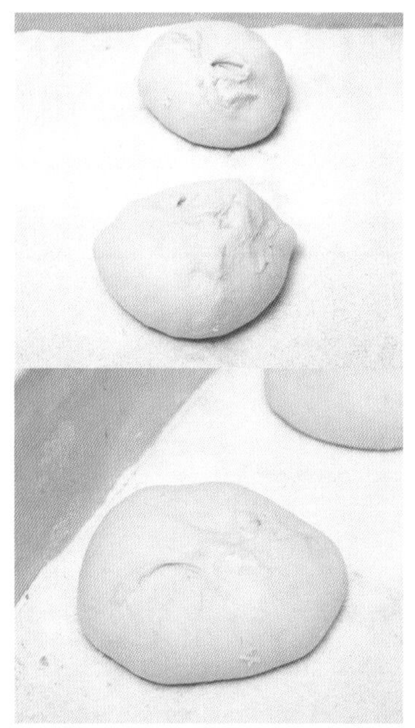

**13**
將麵團轉移至鋪有烤盤紙的烤盤上，隨著靜置時間的推移，黏稠的麵團會變得輕盈柔軟。

## 發酵

**14**
將麵團放入38℃的發酵箱中。由於酵母活躍，發酵時間僅需30分鐘。圖中的麵團是發酵完成後取出的狀態。

## 烘烤前的準備

**15**
為了展現「鬆餅」的風味，在麵團表面塗抹鮮奶油。

**16**
用手指在麵團的中央和周圍壓出6個凹槽，並放入切成5mm至1cm的小塊奶油。「原味」的麵團在此步驟後即可進行烘烤。

## 17

「原味」以外的麵團在奶油上擠入草莓果醬或藍莓果醬。將奶油與果醬調至與麵團柔軟度相適的狀態，以免烘烤時溢出。

## 烘烤

## 18

麵團表面輕輕噴上水霧，然後放入300℃的石窯中烘烤。

## 19

烘烤時間為3～4分鐘。儘管時間短，但因麵團水分多且柔軟，會很快烤透。

## 完成

## 20

烘烤後，再次塗抹鮮奶油以增加乳香味。

## 21

然後塗抹蜂蜜楓糖漿。

## 22

最後撒上糖粉，即完成。這是一款口感柔軟獨特的甜麵包。

前方的是「鹽味奶油吐司」，售價420円（未稅）。使用高含水的鹽味奶油麵團，加入可爾必思（カルピス）奶油後烘烤而成。這款產品擁有奶油吐司的風味。後面的是「乳酪吐司」，售價280円（未稅）。這款產品是以未加入奶油的高含水麵團為基底，取而代之的是混入了奶油起司（Cream cheese）和加工乳酪後進行烘烤。

# Coffee Rich濃郁咖啡

## 麵包工房 風見鶏

Ower chef 福王寺 明

「濃郁咖啡（珈琲リッチ）」是以3種發酵種融合而成的高含水麵團為基礎，介於麵包與磅蛋糕之間口感製作而成的產品。它還有其他變化版本，例如「濃郁蔓越莓」和「濃郁葡萄乾」，價格相同，1條售價860円，半條售價430円（均未稅）。

# 利用高含水「鹽味奶油麵團」製作，介於麵包與磅蛋糕之間的產品

『パン工房 風見鶏』的店主福王寺明，基於158頁介紹的「鹽味奶油麵團」開發了濃郁咖啡麵包」，目的是進一步擴大市場，並探索麵包的更多可能性。

顧名思義，「濃郁咖啡」是一款能夠享受咖啡香氣的麵包，其獨特之處有2點。首先是外觀，白色與深褐色交織成大理石紋的層次，極具視覺吸引力；其次是口感，外層酥脆，而內部的咖啡味濃郁且麵團濕潤，還能品嚐到堅果的風味。

「這款麵包是我們為了下一代的麵包市場而開發的產品，旨在結合麵包與磅蛋糕的特色。」福王寺主廚說。確實，雖然這款產品的本質還是麵包，但其濕潤的部分讓人聯想到磅蛋糕的質地。

與「Pancake鬆餅」相似，這款麵包使用了3種發酵種，並且不使用酵母，從混合材料到烘烤僅需3個小時，早上製作的話，可以輕鬆趕上午餐時間。

製作這款麵包時，使用冷水來控制攪拌完成溫度至21℃，藉此避免麵團過度發酵。雖然高含水麵團通常會增加操作難度，但由於發酵種的成熟度較高，在麵團製作階段，發酵不會過快，因此相對較好操作。

最後攪拌步驟，加入含鹽奶油，僅混合至奶油仍保留形狀，不需完全融合。這樣在烘烤時，奶油會散發出濃郁的風味與鹹味。

## 加入容易焦化的配料，增強味道的層次感

如前述所示，「濃郁咖啡」使用了獨創的高含水鹽味奶油麵團，並以蛋糕般的口感作為基礎。其獨特性不僅在配方中，連在整形的過程中也展現了創新的麵包製作方式。

將製作好的鹽味奶油麵團分成2部分，其中一部分加入咖啡風味和堅果類配料，製作出棕色的麵團。然後將這個棕色麵團與剩下的白色麵團混合，製作出大理石紋狀的麵團進行烘烤。

## Process flow chart

| | |
|---|---|
| 準備 | 準備158頁提到的麵團，並將其分為原味麵團和咖啡麵團2部分，然後在咖啡麵團中加入所需材料。 |
| 基本發酵 | 咖啡麵團需靜置15分鐘，然後放入溫度30℃、濕度70%的發酵室中發酵90分鐘。原味麵團則保持在容器中靜置100分鐘。 |
| 分割・滾圓 | 接著將咖啡麵團分成每個280g，原味麵團分成每個140g。 |
| 冷藏 | 放入冷藏庫靜置1小時。 |
| 整形 | 將配料捲入咖啡麵團中，並用原味麵團包裹，然後放入模型中。 |
| 發酵 | 38℃、濕度85%的發酵室進行1小時的發酵。 |
| 烘烤 | 上火、下火均為180℃的烤箱中，立即關閉上火，烘烤60分鐘。 |
| 完成 | 完成後，塗上蜂蜜楓糖漿，撒上楓糖堅果咖啡和糖粉。 |

「因為麵團本身是高糖油類配方，如果將甜味配料均勻地混入整個麵團中，可能會使味道過於甜膩。因此，我們特意讓麵團和配料呈現不均勻的狀態，這樣既能在味覺上、視覺上展現出對比效果，又能讓甜味更加突出。」

由於麵團中加入了容易焦化的甜味配料，所以烘烤方式也有所不同。麵團放入上火210℃、下火230～240℃的烤箱後，會立即關閉上火，主要依靠下火來烘烤。這種烘焙方式是利用烤箱內強大的餘熱來完成烘烤的過程。

最終完成的「濃郁咖啡」售價為1條800円，半條400円，屬於高價商品。

「雖然麵包主要在於日常消費，但高價的禮品類商品一直是薄弱環節。這款產品彌補了這一點。儘管是使用麵包麵團製作，但由於高含水的特性，口感非常蓬鬆豐富，如同蛋糕一般，非常適合作為禮物送人。這款麵包被定位為次世代的麵包，其中也有這樣的考量。」

**配方**

| | |
|---|---|
| **鹽味奶油麵團**（參見157～158頁） | |
| **咖啡麵團**（對應100%的鹽味奶油麵團） | |
| **烤杏仁粉** | **10%** |
| **楓糖堅果** | **20%** |
| **濃縮咖啡粉**（ミクロンコーヒー） | **4%** |
| **蜂蜜楓糖漿（Honey maple）** | **5%** |
| **咖啡餡** | |
| **含糖乳瑪琳（margarine）** | |
| **烤核桃** | |
| **蜂蜜楓糖漿** | |
| **咖啡楓糖堅果** | |
| **糖粉** | |

## 麵團的製作

**請參照157頁～158頁步驟**

## 發酵

**1**

使用在158頁中製作的「鹽味奶油麵團」。加入奶油後，將麵團取出並分為原味麵團和咖啡麵團。原味麵團需靜置100分鐘進行發酵。

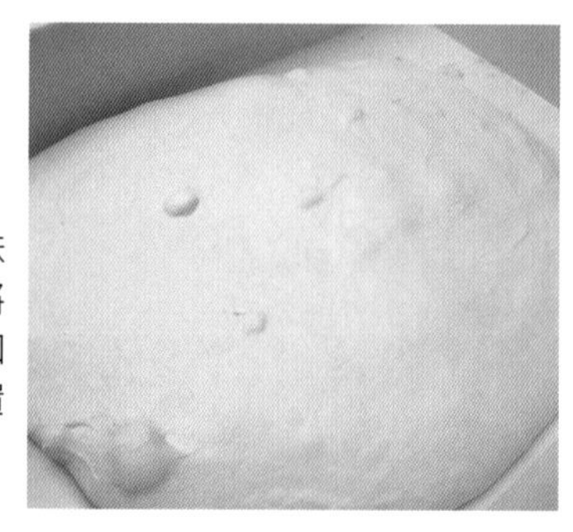

## 2

將預留製作咖啡口味的麵團放入混有烤杏仁粉、楓糖堅果、咖啡粉的鋼盆中，以手將配料與麵團充分混合，使其均勻結合。

## 3

將混合好的麵團在常溫下靜置15分鐘，然後放入溫度30℃、濕度70%的發酵箱，發酵90分鐘。

### 分割‧滾圓

## 4

發酵後的咖啡麵團分割為每個280g，每個麵團滾圓。

## 5

**1**經過100分鐘發酵後，將原味麵團分割，每個咖啡麵團280g搭配140g的原味麵團，並滾圓。

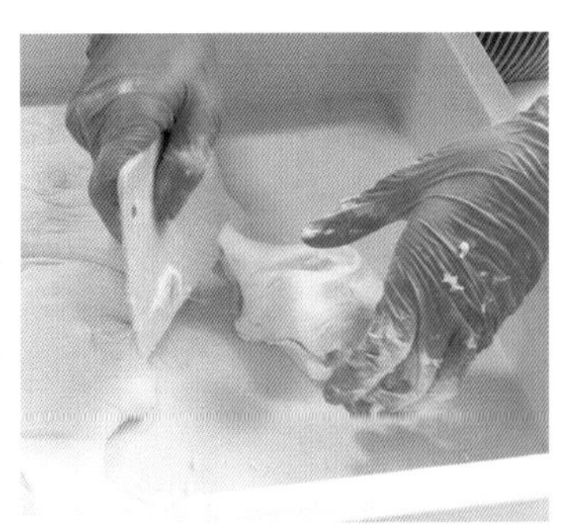

### 冷藏

## 6

將**4**的咖啡麵團與**5**的原味麵團一起放入冰箱，冷藏1小時，使麵團變得更加穩定便於操作。

### 整形

## 7

開始整形時，先從咖啡麵團開始。用手輕壓麵團，然後用擀麵棍輕輕擀壓延展。

## 8

將撕成小塊的咖啡餡放在麵團上，輕輕按壓。

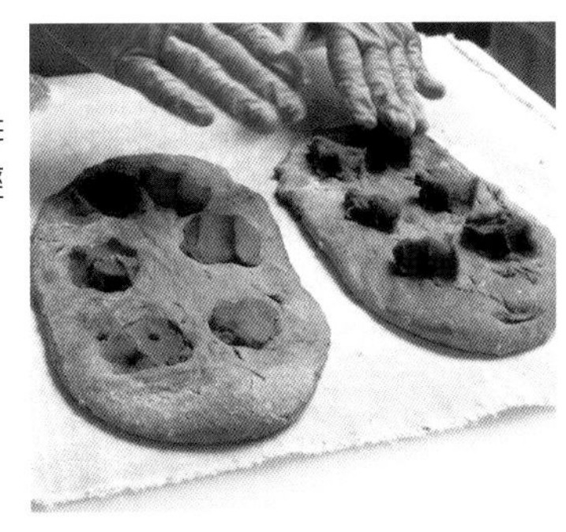

## 9

放上條狀的加糖乳瑪琳，並撒上烤核桃。

## 10

將麵團從一端輕輕捲起，避免捲得太緊。

## 11

捲好咖啡麵團後，開始整形原味麵團。與咖啡麵團相同，用手輕壓後以擀麵棍擀壓延展，使其略大於咖啡麵團。

## 12

將捲好的咖啡麵團放在延展開的原味麵團上，從一端捲起包裹，不必包得太緊密。

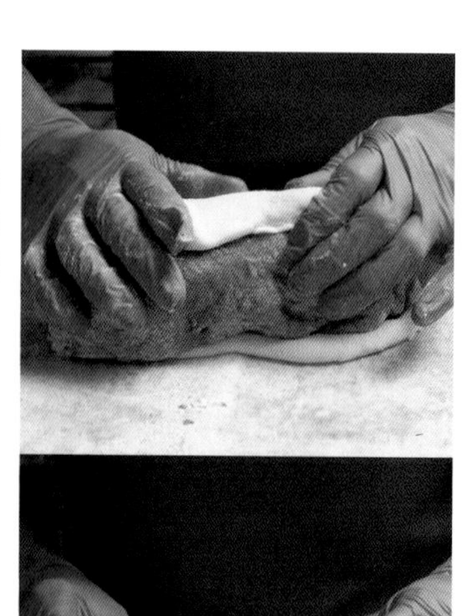

## 13

用切麵刀將包好的麵團縱向切成兩半。

## 14

將切開的麵團交叉放置，像編織般交錯，這樣烘烤後會呈現大理石花紋。

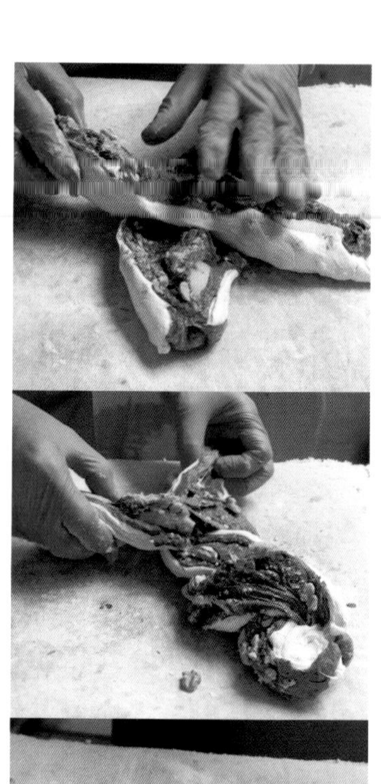

## 15

將整形好的麵團放入小尺寸的吐司模中。

## 發酵

**16**

放入溫度38℃、濕度85%的發酵室，進行1小時的發酵。

## 烘烤

**17**

烤箱設為上下火180℃，從發酵箱取出麵團後立即放入烤箱。

## 最後裝飾

**18**

烤好後，立即脫模取出麵包，塗上蜂蜜楓糖漿，撒上咖啡楓糖堅果和糖粉即完成。

# 「高含水」麵包製作與小麥粉的演變

（社團法人）日本パン技術研究所 研究調査部 部長 原田昌博

透過提高加水率，小麥粉在製作麵包時會發生什麼樣的變化呢？
在這裡，我們請社團法人日本パン技術研究所的原田昌博部長，
從科學的角度來解釋這些變化。

麵包的基本原料為小麥粉、水、酵母和鹽，市面上的麵包產品則是在這些基本原料的基礎上，添加其他副材料，並經過各麵包店的製作工序製成，呈現多樣化的外觀、風味和口感。在這些原料中，使用最多的就是「小麥粉」，其次就是「水」。因此，小麥粉的品質之一「吸水性」和想要添加的水量，對於產品的品質有著極大的影響。

在高加水率的麵包製作中，故意添加的過多水分對不同品質的小麥粉，從製作到烘焙過程中會產生哪些影響，這些影響將在接下來進行解說。

## 01 直火烘焙產品與軟質麵包產品中小麥粉的選擇

在日本市面上販售的高筋麵粉，主要原料大多來自北美，使用的是含有較多蛋白質且麩質（即麵筋）較強的加拿大和美國小麥。

製作麵包的最佳小麥粉是灰分含量較低的高筋一等粉，主要用於軟質麵包如吐司和甜點（菓子）麵包。而法國麵包用粉則是在1960年後作為專用粉開發，特性為灰分含量較高、蛋白質含量較低。因此，軟質麵包（Rich類高糖油麵包）和直火烘焙麵包（Lean類低糖油麵包）所需的小麥粉性質有所不同。

總結一般製作麵包時各用途所需的小麥粉特性，軟質麵包適合使用高蛋白質、強麩質、低灰分的小麥粉；而直火烘焙的麵包，則更適合使用蛋白質含量較低、麩質較弱、灰分含量較高的小麥粉。因此，在討論高加水率時，首先要理解這些小麥粉品質的基本前提是不同的。

此外，小麥粉的製粉方式也會影響麵包製作的特性。最白的小麥粉是細粒的低筋一等粉（主要用於製作糕點），其次是高筋一等粉（用於製作麵包）。這些小麥粉之所以顏色較白，是因為製粉過程中，將麥皮和其鄰近部分篩除。如果將麥皮混入一等粉中，小麥粉的顏色會變暗，甚至可能受到麥皮顏色的影響。原料麥皮呈奶油色的（如美國糕點用麵粉），小麥粉會呈淡黃色；而麥皮呈紅棕色的（如麵包用麵粉），小麥粉則呈現紅褐色。除麥皮顏色外，小麥粉還可能呈現黃色，這是因為小麥胚乳中含有一種名為「葉黃素Xanthophyll」的色素，特別常見於杜蘭小麥，國產小麥中「北之香キタノカオリ」也有。不過，由於葉黃素含量極低，對麵包的風味幾乎不會產生影響。

## 02 與吸水性有關的麵粉成分

小麥粉中與吸水性相關的成分主要包括麩質、受損澱粉（在製粉過程中損壞的澱粉顆粒）以及戊聚糖（纖維質）。當添加的水量超過這些成分的吸水能力時，就會出現「多加水」的狀態。

其中，受損澱粉與小麥粉的粒度（小麥粉顆粒的大小）密切相關。如果將硬質小麥磨得過細，受損澱粉的含量就會增加。受損澱粉無論是否存在酵母，只要小麥粉與水混合，就會受到小麥中的酶（$\beta$-澱粉酶）的分解，隨著時間推移將吸收的水釋放出來。因此，受損度過高的小麥粉在表面上看似吸水率很高，但隨著時間推移，麵團內部會發生失水，導致麵團流動性增加，即使在製作麵包過程中，進行了許多提升麵團彈性的操作（如揉捏和整形），也會感覺麵團的彈性無法提升。

戊聚糖主要集中在小麥粒的外皮附近。因此，灰分含量越高，戊聚糖的含量也越多。然而，灰分含量與麵包製作性質呈負相關，使用灰分含量高的小麥粉製作麵包會導致麵團變脆弱，製作性能下降。

此外，小麥粉中的纖維質在混合過程中比白色的小麥胚乳顆粒更先吸水，隨著製作過程進展，它們會釋放出水分。因此，在製作軟質麵包時，麵團必須稍微硬一些，否則在最後發酵時麵團的彈性會消失，烘烤後麵包會變硬。

除了小麥粉成分外，吸水能力還會受到麥子的年度變化（即「新麥」）和製粉後的儲存（熟成）影響。由於小麥一年只收割一次，因此每年使用的小麥在新麥換季（通常是進口小麥的1～2月）和換季前的舊麥(12月～1月)之間會存在品質差異。

一般來說，新麥吸水率較低，麵團容易變得鬆散且缺乏彈性，烤箱膨脹效果也較差；而舊麥水合(即水分滲透至小麥粒中芯)速度較慢，導致攪拌所需時間變長，使得製作過程中的麵團趨於強硬但脆弱。因此，對於以穩定供應為宗旨的製粉公司來說，新舊小麥更換的時期尤其需要格外謹慎。

在老化方面，新研磨的小麥粉會出現與新麥類似的現象，即吸水率低、麵團性質差、烤箱膨脹不佳。因此，製粉後的小麥粉會在穀倉中儲存一段時間進行熟成處理，然後再出貨。

## 03 多加水麵團調整時的工夫

將超過小麥粉吸水能力的大量水分一次加入攪拌機進行混合時，即使以最高速度攪拌，麵團也難以成形，且不易形成麵筋薄膜。過量的水會緩衝攪拌時的能量，導致麩質變成小球狀漂浮於水中，互相碰撞和拉伸的機會減少，最終需要較長的高速攪拌時間。如果麵筋薄膜未充分形成，烘烤出的產品會呈現緊密的內部結構。

從「水合」的角度來看，因為加水量大，理論上應該會加速水合過程。水合指的是溶質在溶劑中溶解的過程。麵包製作中，除了溶解現象外，還指水分滲透到小麥顆粒的中芯。一旦小麥顆粒被充分水合，在攪拌的外力作用下，顆粒會被打破，麩質開始形成，並釋放出小麥粉應有的力量。**(照片1)**

為了讓這個水合過程在低速攪拌為主的製作方法中更有效率，「自我分解(Autolyse)」技術應運而生。這是一種將輕輕混合的麵團放置一段時間的做法。在這個過程中，為了促進水合效果，應避免加入加強麩質的鹽，並且不要過度攪拌，因為形成的麩質薄膜會阻礙水的滲透。

因此，自我分解前的攪拌應該「盡量低速、均勻混合」，放置時間應根據小麥粉的粒度和灰分含量進行調整。當自我分解充分發揮作用時，較弱的麩質分子會靜態結合，隨後再低速攪拌時容易形成麵筋薄膜。

然而，在自我分解初期添加的水量應適中，如果水量過大，雖然會達到水合，但麩質的靜態結合不足。因此，當故意添加大量水時，使用「後加水(Bassinage)」技術，即在已形成的麵筋薄膜的麵團中逐步添加少量水，將水分保持在麵筋薄膜中作為水滴。

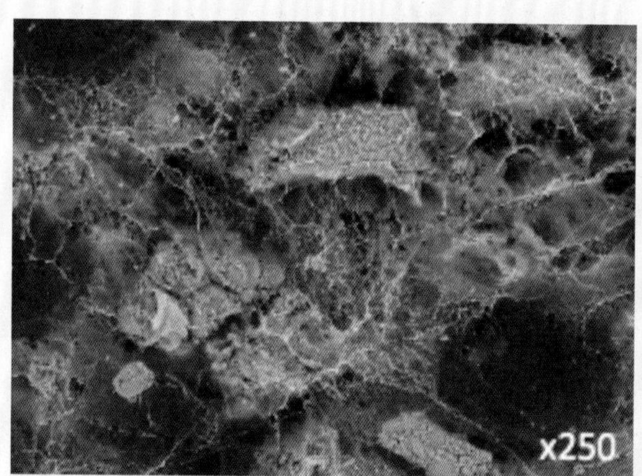


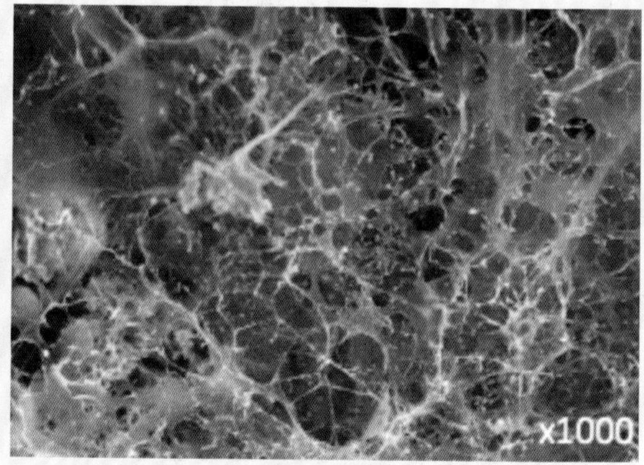


照片1 在高筋麵粉(麵包用硬質小麥)上滴水的狀態

當水滴落在高筋麵粉上時，水的表面張力會使小麥粒表面的麩質擴展，但因為水尚未滲透到所有小麥粒中，這種狀態下小麥粉的氣體保持能力無法完全發揮。水合過程中，首先需要讓水充分滲透到小麥粒內，然後再進行攪拌，以重新建構麩質結構，這樣才能有效發揮小麥粉的性能。

(圖片提供:西日本農研 池田達哉先生)

此外，若要在麵團中添加更多的水，增加水的硬度能改善麵團的操作性。水的硬度取決於其中的鈣離子和鎂離子的含量，這些金屬離子能使麩質變硬。蛋殼粉、酵母添加劑中的鈣鹽和鎂鹽也有類似效果。

這些工序的調整，多加水直火烘焙麵團在後續的發酵和烘烤過程中能產生良好的膨脹。然而，對於軟質麵包，加水的限制較嚴格，若想要展現良好的膨脹效果，可以使用增稠劑（如瓜爾膠Guar gum、甘露聚醣Mannan、海藻酸Alginic acid等）或熱水處理（加熱水攪拌）某些小麥粉，使其吸水並在高速攪拌時形成薄膜狀麵團，保持適當的硬度。

需要注意的是，過度增加軟質麵包中水的硬度，會使麩質失去柔軟性，麵團變得脆弱，麵包變硬，並加速老化，導致品質下降。

## 04 流動性對發酵中麩質狀態的影響

在製作軟質麵包，當麵團較為柔軟時，操作需要非常小心。與直火烘烤麵包相比，酵母的用量較多，麵團薄膜的硬度無法抑制氣泡膨脹，因此麵團會橫向擴展並大幅膨脹。若麵團過度膨脹後沒有適當地進行折疊排氣（Punch）和滾圓處理，在整形過程中麵團表面會裂開，無法順利將麵團薄薄地延展。如果強行延展麵團，會在麵包內部形成條紋和空洞；相反，若不延展，麵包內部的結構會變得粗糙。因此，如果希望麵包的內部結構細緻，必須在折疊排氣和滾圓時進行適當的操作。

直火烘烤麵包的麵團同樣需要這樣的細心處理。然而，最近普及的製作方式強調極力抑制麵團膨脹。

最大限度地減少麵團膨脹，指的是在分割前麵團幾乎沒有膨脹。如果完全不進行發酵，或者完全沒有添加發酵代謝物（例如Sourdough酸種）的麵團，製成的產品會有「團子」或「乾澀」的口感，但只要加入適量的酵母進行發酵，麵包品質就會改善。

麵團膨脹少，指的是酵母生成的二氧化碳氣體較少，其中一種方法就是冷藏法。冷藏法是在低溫保存期間，控制酵母的添加量和麵團的溫度，並以冷藏前的發酵來延展麩質薄膜，必要時進行折疊排氣，使其具備彈性以提高氣體的保持能力。次日回溫時，可根據需要調整麵團膨脹量，從而得到預期的產品體積。因此，即使混合不充分，後續的處理仍可提高氣體保持力，同時在烤箱中膨脹的引發劑（溶解的二氧化碳和乙醇）也會在冷藏前、冷藏中及回溫過程中逐漸累積在麵團內。

此外，若對於來自酵母產生的微弱二氧化碳壓力，以及流動性較高的麵團施加外部壓力（如折疊排氣），氣泡會變得不均勻，氣泡內的壓力差使大氣泡不斷成長，最終形成直火烘烤麵包特有的粗糙大孔洞內部結構。

因此，為了讓麵團能承受長時間發酵，調整配方並減少酵母的添加量，或是進行冷藏，都可視為抑制「發酵熟成」的措施。特別是當溫度較低時，酵素活性及其他非生物性反應也會趨於緩慢，這或許可以稱之為「熟成抑制」。

另一方面，少量酵母和短時間發酵下有效建構麵包骨架的手段之一，是添加Sourdough酸種。

為了提高麵團的黏彈性，通常需要在發酵期間讓麵團膨脹並施加外部壓力（如折疊排氣Punch），但少量酵母和短時間發酵則難以達到這樣的效果。然而，若添加Sourdough酸種，酸種中的有機酸會使麩質薄膜變薄，再加上麵團攪拌時所添加的鹽分相互作用，即使麵團沒有膨脹，折疊排氣等外部壓力仍能提高氣體保持能力，同時酸種也能帶來烤箱中膨脹的引發劑，從而使麵團在烘烤時充分膨脹。

## 05 烘烤使麵包組織固定

軟質麵包與直火烘烤麵包在烤箱中膨脹的過程，所需的條件不同。

軟質麵包麵團經過充分發酵，並在最後發酵（發酵室）階段大幅膨脹後進行烘烤。此時，麵團內部含有

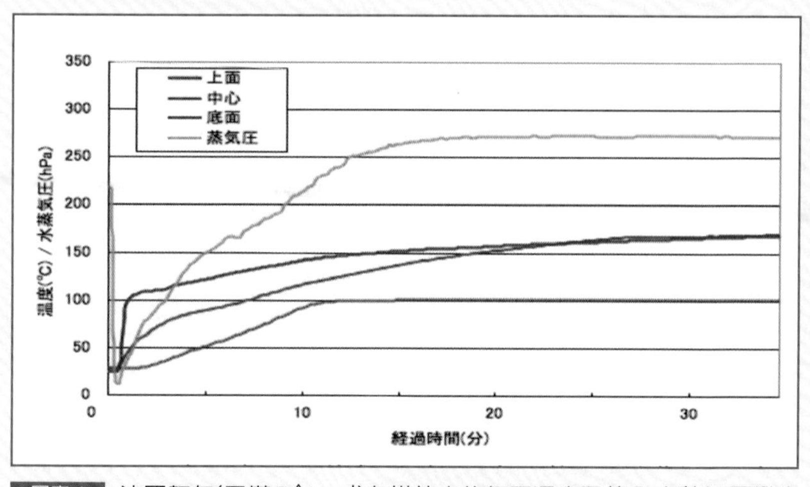


圖表1　法國麵包(巴塔 Bâtard)在烘烤中的麵團溫度及爐內水蒸氣壓變化

在入爐前注入蒸氣會提高蒸氣壓，而在入爐過程中爐內的蒸氣會暫時逸出，但由於麵團底部溫度上升，蒸氣壓會再次升高。從麵團入爐開始計時12分鐘，麵團中心的溫度達到98°C。相比之下，3斤大小吐司的麵團，中心達到98°C則需要35分鐘。

許多細小的氣泡。在麵團進入烤箱後，個別氣泡中的二氧化碳會因熱而膨脹，接著溶解於麵團薄膜液相中的乙醇和溶存的二氧化碳會氣化，使麵團進一步膨脹。

相較之下，直火烘烤的麵包更強調烤箱中膨脹的引發劑。直火烘烤麵包不會像軟質麵包那樣在發酵室階段大幅膨脹，因此氣泡中的二氧化碳透過熱膨脹所帶來的膨脹效果較不顯著。

在直火烘烤麵包的製程中，冷藏法可以讓溶存的二氧化碳隨著溫度降低增加溶解度，從而對烤箱中膨脹有很大的幫助。使用Sourdough酸種的製作方法，來自酸種的乙醇也會顯著影響烤箱中的膨脹。為了充分發揮這些效果，烤箱的設定條件和規格也是關鍵因素。

如果直火烘烤的麵包含水量極高，麵團的強度無法依靠麩質骨架，因此在麵團剛進入烤箱的初期，麵團的升溫變得尤其重要。為了達成這一點，烤箱的蓄熱量和過熱蒸氣是關鍵。

蓄熱量指的是當麵團放入烤箱後，烤爐底部溫度不會極端下降的溫度保持能力（在一般的層爐烤箱中，溫度感應器監控的是爐底下方空間的溫度，因此顯示的溫度可能並沒有下降，但實際上爐床的溫度可能已經降低，這並不可靠）。具高蓄熱量的材質如石爐床，能夠更有效地保持爐內溫度穩定。

過熱水蒸氣指的是超過100°C的水蒸氣。當麵團放入烤箱後，注入的蒸氣（過熱水蒸氣）會在麵團表面凝結，其潛熱會使麵團表面加熱，並同時促使麵團表面的澱粉糊化，形成具有光澤的硬殼，這是使用蒸氣烘烤的產品所特有的特性。高含水的直火烘烤麵包，麵團會在爐床和過熱水蒸氣的加熱作用下迅速升溫，在表面凝固之前，麵團會在烤箱內膨脹（如圖1）。

要讓使用高含水的冷藏法或Sourdough酸種的直火烘烤麵包實現烤箱中膨脹，除了小麥粉的選擇，還需考慮麵團的攪拌、發酵過程中麩質的延展與外部壓力所帶來的彈性、Sourdough酸種所增強的氣體保持力、以及最後發酵（發酵室）階段麵團的膨脹。加上烤箱中膨脹所需的熱量供應，才能使原本不易膨脹的麵團在烤箱內充分膨脹。如果這些要素中有不足之處，麵團將烘烤成緊實的產品。因此，當「攪拌不充分」、「過度抑制發酵」這些因素再加上「過度加水」時，製成的產品將逐漸接近團子的形態。

照片 2 麵包內部結構(麵團)中的澱粉和麩質狀態

澱粉呈球狀，而麩質則呈薄膜狀連接在澱粉之間。

(圖片提供)西日本農研 池田達哉先生

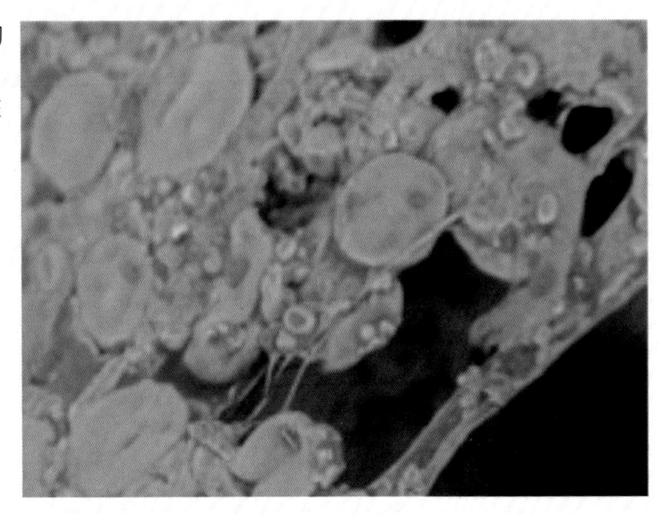

## 06 過量水分對口感的影響

加水量較多的麵包由於固形物較少、水分較多，燒減率(烘烤使重量減輕的比例)較低的產品(如吐司)容易失去形狀，發生折腰現象(Caving)。當這種現象出現，無法銷售。而在直火烘烤的麵包中，外皮會失去脆度，容易回軟。為了保持直火烘烤產品的酥脆感，需要加大烘烤力度(提高燒減率)，這樣烘烤出的外皮會變得越來越厚。

麵包的內部組織口感主要由氣泡的數量、氣泡膜中麩質的狀態，以及澱粉的狀態來決定。加水較多的直火烘烤產品通常氣泡結構較粗，產品的比容積(麵包每克的膨脹程度)比軟質麵包小，因此氣泡膜較厚，並且由於氣泡膜的光線反射效果較差，外觀呈現焦糖色。這種厚的氣泡膜及膜中的麩質網狀結構的強弱，決定了麵包的咀嚼度(**照片 2**)。

例如，使用低蛋白質含量的小麥粉(如法國產)時，氣泡膜中的麩質較少，烘烤後氣泡膜內的麩質網狀結構較弱，這使得麵包內部(外皮也一樣)較容易咬斷。相反，如果使用高蛋白質含量的小麥粉(高筋麵粉)，並使用中速到高速攪拌製作麵團，當麵筋形成薄膜化時，咀嚼度將非常強。然而，即使蛋白質含量較高(如用法國麵包12%左右的小麥粉)，若主要使用低速攪拌來混合麵團，則麵粉的強度無法發揮，因此咀嚼度會相對較弱。

關於氣泡膜中被包裹的澱粉，當加水量較多時，澱粉的糊化程度會提高，從而使麵包的內部組織具有更強的黏性與濕潤感。這與將部分小麥粉加入熱水攪拌相同，透過熱水處理使一部分澱粉的糊化度提高，增強了麵包的黏性與濕潤感。

此外，濕潤感和黏性也受到澱粉分子結構中的直鏈澱粉(Amylose)和支鏈澱粉(Amylopectin)比例的影響。前者是葡萄糖的直鏈結構，表現出蓬鬆性，老化速度快，與烘烤後折腰的防止及當日到隔天的口感變化有關。後者是葡萄糖的支鏈結構，表現出黏性，老化速度較慢，並與麵包的黏性及老化延遲有關。

進口自北美的小麥通常稱為高直鏈澱粉，而國產小麥則有普通直鏈澱粉、稍低直鏈澱粉及低直鏈澱粉之分。北海道產的「夢之力ゆめちから」「春よ恋」「北之香キタノカオリ」屬於稍低直鏈澱粉，而「南之香ミナミノカオリ」「花滿天ハナマンテン」「花象ゆめかおり」則屬於普通直鏈澱粉。

稍低直鏈澱粉的小麥即使正常製作也容易產生黏性，如果再增高加水量，黏性將會更加顯著。值得注意的是，即使直鏈澱粉含量較低，麵團在製作過程中也不會像年糕般黏黏的，降低操作性。這是因為健康的澱粉幾乎不吸水，且直鏈澱粉和支鏈澱粉是健康澱粉顆粒的內部結構。

因此，根據所使用的小麥粉和加水量的不同，麵包的「濕潤感」、「黏性」和「咀嚼感」的強度會有所變化。

## 07 麵包風味與加水量

首先，對於軟質麵包來說，由於配方中加入了糖、乳製品和油脂等，味道主要以甜味為主。如果使用乳製品或乳瑪琳（margarine），這些風味也會強烈地表現出來。香氣可分為外皮（Crust）和內部（Crumb）兩部分，外皮的香氣由糖與氨基酸的梅納反應（Maillard reaction）生成的梅納反應物、以及梅納反應後分解所產生的揮發性物質，以及糖的焦糖化產生的褐變所帶來的香味。而內部則由酵母發酵產生的乙醇最為顯著，其他微量成分如高級醇（如產生吟釀香Ginjoka的物質）、有機酸及其酯、醛類和酮類等揮發性物質，在烘烤後仍會留存，構成麵包的一部分香氣。

口感方面，麥芽糖扮演著重要角色。麥芽糖由損傷澱粉在小麥粉中的$\beta$-澱粉酶（若使用麥芽添加劑則$\alpha$-澱粉酶也會參與）作用下形成，並在酵母的發酵代謝過程中部分消耗，剩餘的則為麵包帶來深層的風味。這也是為什麼在製作軟質麵包時，使用湯種（加入熱水攪拌）會改變口感和風味的原因之一。將部分小麥粉進行熱水損傷處理，然後用耐熱性較強的澱粉酶分解損傷澱粉形成麥芽糖，添加到麵包配方中，麥芽糖的累積會為麵包增添湯種特有的風味。

對於直火烘烤的麵包而言，香氣的強度和質量尤為重要。香氣的強度可以透過加強烘烤來實現，而香氣的質量則來自於遊離的氨基酸和麥芽糖在梅納反應後的分解（斯特雷克胺基酸合成Strecker synthesis）所產生的成分，這些成分會產生甜美的香味（圖2）。為了增強甜美香味，應保留更多的遊離氨基酸和麥芽糖，麥芽糖的殘留量越多越好。為了保留更多的麥芽糖，可以減少酵母的添加量，並採用低溫管理、生產時添加高麥芽糖累積量的小麥粉等方法。具體而言，減少酵母添加量以提高氣體保持力，通常需要採用「長時間發酵」或「合併使用酸種」的方法。

另一方面，麥芽糖累積量高的小麥粉指的是損傷澱粉含量較高的小麥粉，一般來說，吸水率較高的小麥粉損傷澱粉含量也會較多。這方面的代表是硬質小麥的石磨小麥粉。遊離氨基酸的含量則在灰分含量高的小麥粉中較多。因此將石臼磨粉與其他小麥粉混合使用是合理的選擇。若想要增加遊離胺基酸含量，還有其他方法，如使用高灰分的小麥粉製作酸種，在酸性環境下利用小麥和乳酸菌所含的蛋白酶來部分分解麵筋。然而，一般的低溫長時間發酵方式並不會顯著增加遊離胺基酸含量，這取決於所選用的小麥粉種類。同樣地，雖然使用了酸種發酵，但不同的乳酸菌種類和小麥粉的選擇也會影響遊離胺基酸的含量，不見得會顯著增加。即使遊離胺基酸的含量在發酵過程中有所增加，選擇高灰分的小麥粉仍然是顯著提升遊離胺基酸含量的更有效方法。

綜合考慮以上因素，「使用國產小麥的風味較好」並不是唯一的理由。現在，許多一般的外國小麥粉灰分含量較低，而國產小麥則相對較高。因此，國產小麥通常含有相對較多的遊離氨基酸，同時外皮部分的酚類化合物（苦味），和發酵過程中的複雜香氣成分也會增強風味。若將外國小麥粉磨成高灰分，也有可能獲得與一些製粉效果較差的斯佩爾特小麥（Triticum spelta）類似的風味和營養價值。然而，僅僅提高小麥粉的灰分並不能解決所有問題，因為灰分增加會降低麵包製作性，導致麵包體積縮小，內部組織變得緻密。因此，為了平衡風味和口感，高灰分的設計應有其「限度」。

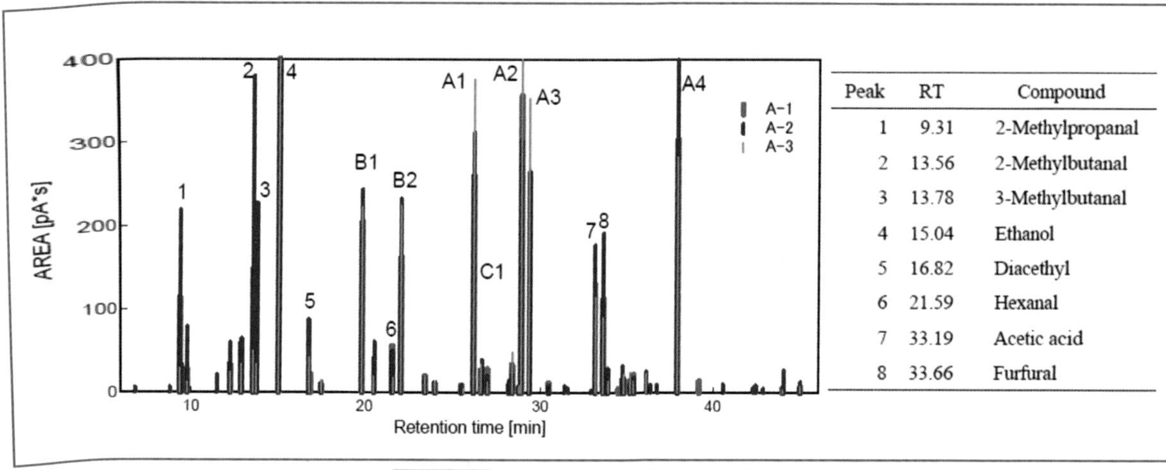


| Peak | RT | Compound |
|---|---|---|
| 1 | 9.31 | 2-Methylpropanal |
| 2 | 13.56 | 2-Methylbutanal |
| 3 | 13.78 | 3-Methylbutanal |
| 4 | 15.04 | Ethanol |
| 5 | 16.82 | Diacethyl |
| 6 | 21.59 | Hexanal |
| 7 | 33.19 | Acetic acid |
| 8 | 33.66 | Furfural |

圖表 2　3種小麥粉製作法國麵包的香氣成分分析。

Peak No.1、2、3 是直火烘烤麵包的甜香成分，Peak No.4 是乙醇，Peak No.5 是奶油香，Peak No.6 是青草澀味，Peak No.7 是醋酸，Peak No.8 是焦味。
圖表顏色：藍色＝北之香キタノカオリ單磨小麥粉，紅色＝市售法國麵包粉，綠色＝北信ホクシン單磨小麥粉。甜香味最強的是北之香キタノカオリ單磨小麥粉，而北信ホクシン單磨小麥粉則最弱。

*　　　*　　　*

至今，對於長時間靜置麵團的討論，往往僅停留在「水合」或「熟成」的層面，忽視了其科學上的複雜因果關係，容易將這些詞彙與「美味」簡單地連結起來。美味的形成不僅僅依賴「水合」或「熟成」，而是透過「原料選擇」、「配方平衡」以及「調整麵團」等各方面的綜合作用來實現的。如本章所述，過量的加水會對這些方面產生橫向的影響。在配方較為簡單的直火烘焙麵包中，小麥粉的選擇和攪拌，對最終產品的影響尤為顯著。

最後，高灰分與多加水的麵包製作，必須始終考慮微生物污染的問題。

高灰分的小麥粉一般含有較多的生菌，因此必須考慮防止作業環境和產品中的雜菌污染。尤其是耐熱性芽胞菌（如納豆菌的親戚），在烘烤過程中的熱衝擊會激活其生長。受到芽胞菌嚴重污染的麵包會散發出類似髒襪子的氣味，嚴重時，麵包內部會變得黏稠，像納豆一樣拉絲。如果污染擴展到整個麵包製作環境（包括廚房），所有產品都可能出現上述現象。因此，在進行高灰分與多加水的麵包製作時，需要考慮微生物的問題，仔細考量配方和製法，並且注意現場的衛生環境，努力提供更安全的產品。

系列名稱／EASY COOK

書名／高含水麵包的技術：人氣名店製作技巧・思考策略

編者／旭屋出版編輯部

出版者／大境文化事業有限公司

發行人／趙天德

總編輯／車東蔚

文 編・校 對／編輯部

美編／R.C. Work Shop

地址／台北市雨聲街77號1樓

TEL／(02)2838-7996

FAX／(02)2836-0028

初版日期／2024年12月

定價／新台幣750元

ISBN／9786269849499

書號／E139

讀者專線／(02)2836-0069

www.ecook.com.tw

E-mail／service@ecook.com.tw

劃撥帳號／19260956大境文化事業有限公司



國家圖書館出版品預行編目資料
高含水麵包的技術：人氣名店製作技巧・思考策略
旭屋出版編輯部 編；初版；臺北市
大境文化，2024[113] 176面；
19×26公分（EASY COOK：E139）
ISBN／9786269849499
1.CST：麵包
2.CST：點心食譜
427.16　　113016323

請連結至以下表單填寫讀者回函，將不定期的收到優惠通知。